Foundations of Elasticity

基礎から学ぶ
弾性力学

荒井 正行 著

森北出版株式会社

●本書のサポート情報を当社Webサイトに掲載する場合があります．下記のURLにアクセスし，サポートの案内をご覧ください．

https://www.morikita.co.jp/support/

●本書の内容に関するご質問は，森北出版 出版部「(書名を明記)」係宛に書面にて，もしくは下記のe-mailアドレスまでお願いします．なお，電話でのご質問には応じかねますので，あらかじめご了承ください．

editor@morikita.co.jp

●本書により得られた情報の使用から生じるいかなる損害についても，当社および本書の著者は責任を負わないものとします．

■本書に記載している製品名，商標および登録商標は，各権利者に帰属します．

■本書を無断で複写複製（電子化を含む）することは，著作権法上での例外を除き，禁じられています．複写される場合は，そのつど事前に(一社)出版者著作権管理機構（電話03-5244-5088, FAX03-5244-5089, e-mail：info@jcopy.or.jp）の許諾を得てください．また本書を代行業者等の第三者に依頼してスキャンやデジタル化することは，たとえ個人や家庭内での利用であっても一切認められておりません．

まえがき

　機械工学において取り扱わなければならない事柄は，実に幅広い．産業界を覗いてみると，原動機，圧力容器，エネルギ関連装置，航空機などの重機械に加えて，医療用治療機器，生体用機器，さらには半導体などの電子機器，とその大きさは小型化，マイクロ化，多様化している．このことは，昨今の技術が成熟し，高度化していることを示している．しかしながら，それらを開発，設計するのに必要な基礎知識は，時を経ても変わることはない．

　機械工学の基礎とは，材料力学，機械力学，流体力学，熱工学，制御工学である．このうち，材料力学は，ガリレオ・ガリレイに始まるといわれており，最も歴史が古い学問である．この長い歴史を経て，材料力学は深化してきた．現在では，大学4年間に，材料力学，弾性力学，塑性力学，材料強度学を順次学んでいかなければならない．大学院になると，これらを踏まえたより高度な学問（破壊力学，損傷力学，構造力学）を学ぶことになる．

　材料力学は，複雑な形状の機械要素を単純な形状である棒やはりに置き換え，これらにはたらく応力，伸びやたわみを計算する学問である．弾性力学では，棒やはりに限らない，複雑な形状の機械要素に生じる応力，変位（弾性力学では伸びを変位という）を計算することになる．材料力学では垂直応力とせん断応力の2種類であったが，弾性力学では六つの応力成分を取り扱わなければならない．そして，複雑な形状に外力が作用する問題を解くために，偏微分方程式を扱わなければならない．このため，材料力学まではわかりやすかったが，弾性力学となると，見るのもいやだ，と感想をもらす学生が増えるようになる．弾性力学の知識を踏まえて塑性力学や材料強度学を学習するため，機械設計上で重要となるこれらの知識の習得が不完全なものとなりかねない．このためにも，弾性力学を確実に理解してもらう必要がある．

　本書では，弾性力学の基礎的な考え方について，詳しく，かつ，わかりやすく説明するように努めた．また，弾性力学を学ぶ読者は通常，すでに材料力学の学習を終了していることが想定されるため，材料力学の学習課程を踏まえて本書を構成している．さらに，弾性力学はとにかく数式変形が主体となりがちで，産業上の工学問題とどのような関係があるのか見落としがちとなる．本書はこの点にも配慮したつもりである．

2019年4月

荒井正行

目　次

1章　微小要素と極限操作の概念　　1
- 1.1　応力成分と変位成分 …………………………………………………… 1
- 1.2　弾性力学による材料力学の問題の解法 ……………………………… 3
  - 1.2.1　引張荷重を受ける棒の問題　3
  - 1.2.2　分布荷重を受けるはりの問題　6
- 演習問題 ………………………………………………………………………… 9

2章　数学的準備　　10
- 2.1　指標と表記の簡略化 …………………………………………………… 10
- 2.2　ベクトル ………………………………………………………………… 11
- 2.3　テンソル ………………………………………………………………… 13
- 2.4　微分演算子 ……………………………………………………………… 15
- 演習問題 ………………………………………………………………………… 17

3章　応力成分とひずみ成分　　18
- 3.1　応力成分 ………………………………………………………………… 18
- 3.2　ひずみ成分 ……………………………………………………………… 20
- 3.3　応力成分とひずみ成分の座標変換 …………………………………… 23
- 演習問題 ………………………………………………………………………… 26

4章　一般化されたフックの法則　　27
- 4.1　重ね合せの原理 ………………………………………………………… 27
- 4.2　一般化されたフックの法則の導出 …………………………………… 29
- 4.3　2次元平面問題に対するフックの法則 ……………………………… 32
- 演習問題 ………………………………………………………………………… 36

5章　応力測定法　　37
- 5.1　主応力 …………………………………………………………………… 37
- 5.2　主ひずみ ………………………………………………………………… 38

 5.3 ひずみゲージによる応力測定法 ……………………………………… 39
 演習問題 ……………………………………………………………………… 41

6章　2次元平面問題の基礎式　42

 6.1 応力の平衡方程式 …………………………………………………… 42
 6.2 ひずみの適合条件 …………………………………………………… 43
 6.3 変位の微分方程式 …………………………………………………… 45
 6.4 境界条件 ……………………………………………………………… 46
 6.5 サンブナンの原理 …………………………………………………… 49
 演習問題 ……………………………………………………………………… 51

7章　2次元平面問題の解析的解法　53

 7.1 応力関数による解法 ………………………………………………… 53
 7.2 基本的な応力関数 …………………………………………………… 54
 7.3 応用例 ………………………………………………………………… 55
   7.3.1 一様引張応力を受ける長方形板の問題 55
   7.3.2 曲げモーメントを受けるはりの問題 57
 演習問題 ……………………………………………………………………… 61

8章　2次元平面問題のフーリエ級数とフーリエ積分による解法　63

 8.1 フーリエ級数による数学的解法 …………………………………… 63
 8.2 フーリエ積分による数学的解法 …………………………………… 68
 8.3 集中荷重解による任意分布荷重を受ける半無限体の解法 ……… 75
 演習問題 ……………………………………………………………………… 78

9章　2次元軸対称問題の基礎式　79

 9.1 軸対称問題でのひずみ成分と変位成分の関係 …………………… 79
 9.2 軸対称問題でのフックの法則 ……………………………………… 81
 9.3 軸対称問題での応力の平衡方程式 ………………………………… 82
 9.4 変位の微分方程式 …………………………………………………… 83
 演習問題 ……………………………………………………………………… 84

10章　2次元軸対称問題の解法　85

 10.1 中実円板 ……………………………………………………………… 85

10.1.1 一様引張を受ける円板の問題　86
10.1.2 剛体板の円孔への弾性円板の埋め込み問題　86
10.2 中空円板 ……………………………………………………………… 87
10.2.1 内圧を受ける中空円板の問題　88
10.2.2 焼きばめの問題　89
10.2.3 介在物とその周辺に生じる応力問題　90
10.3 回転円板に生じる応力 ………………………………………………… 91
演習問題 ………………………………………………………………………… 93

11章 2次元非軸対称問題の基礎式　94

11.1 非軸対称問題でのひずみ成分と変位成分の関係 …………………… 94
11.2 非軸対称問題でのフックの法則 ……………………………………… 97
11.3 非軸対称問題での応力の平衡方程式 ………………………………… 99
11.4 応力関数法による解法 ………………………………………………… 100
演習問題 ………………………………………………………………………… 102

12章 2次元非軸対称問題の解法　103

12.1 2次元軸対称問題の応力関数法による解法 ………………………… 103
12.2 2次元非軸対称問題の応力関数法による解法 ……………………… 107
12.2.1 端面にせん断力を受ける曲りはりの問題　108
12.2.2 円孔を有する平板の引張問題　109
12.3 固有解に基づくき裂問題 ……………………………………………… 112
演習問題 ………………………………………………………………………… 117

13章 平板の曲げ問題の基礎式　119

13.1 材料力学におけるはりの曲げ問題と基礎式 ………………………… 119
13.2 平板の曲げ問題の基礎式 ……………………………………………… 121
13.3 円板の軸対称曲げ問題の基礎式 ……………………………………… 125
演習問題 ………………………………………………………………………… 128

14章 平板の曲げ問題の解法　129

14.1 三角関数で表された分布荷重を受ける周辺単純支持平板の問題 …… 129
14.2 任意分布荷重を受ける周辺単純支持平板の問題 …………………… 130
14.3 部分領域に一定分布荷重を受ける周辺単純支持平板の問題 ……… 131

演習問題 ……………………………………………………………………… **132**

15章 エネルギ原理と近似解法　　**134**

15.1　工学問題のさまざまな解法 …………………………………………… **134**
15.1.1　微分方程式による問題の解法　134
15.1.2　積分方程式による問題の解法　136
15.1.3　エネルギ原理による問題の解法　140

15.2　変分法 ……………………………………………………………………… **141**
15.3　リッツの近似解法 ………………………………………………………… **144**
15.4　重み付き残差法 …………………………………………………………… **146**
15.4.1　選点法　147
15.4.2　ガラーキン法　148

演習問題 ……………………………………………………………………… **150**

16章 ねじり問題　　**152**

16.1　ねじりの基礎式 …………………………………………………………… **152**
16.2　プラントルによる薄板相似法 …………………………………………… **157**
16.3　エネルギ原理に基づく近似解法 ………………………………………… **158**
16.3.1　近似解法　159
16.3.2　長方形断面のねじり　160
16.3.3　だ円形断面のねじり　161

演習問題 ……………………………………………………………………… **163**

演習問題の解答 ……………………………………………………………………… **164**

参考文献 ……………………………………………………………………………… **182**

索　引 ………………………………………………………………………………… **183**

学習の手引き

　本書を利用して弾性力学を学ぶ際に参考になるよう，各学習項目の難易度を以下の表にまとめておく．表中の◎は弾性力学を学ぶすべての人に理解してほしい基礎的な内容，○は大学・高専で学習することになる標準的な内容，△は標準的な内容では満足できない人に向けたやや難易度が高いが，大学院生や技術者になっても役立つ発展的な内容となっている．

		基礎	標準	発展
1章	微小要素と極限操作の概念	◎		
2章	数学的準備	◎		
3章	応力成分とひずみ成分	◎		
4章	一般化されたフックの法則	◎		
5章	応力測定法	◎		
6章	2次元平面問題の基礎式		○	
7章	2次元平面問題の解析的解法		○	
8章	2次元平面問題のフーリエ級数とフーリエ積分			△
9章	2次元軸対称問題の基礎式		○	
10章	2次元軸対称問題の解法		○	
11章	2次元非軸対称問題の基礎式			△
12章	2次元非軸対称問題の解法			△
13章	平板の曲げ問題の基礎式		○	
14章	平板の曲げ問題の解法		○	
15章	エネルギに基づく解法	◎		
16章	ねじり問題		○	

1 微小要素と極限操作の概念

材料力学では，機械部品を棒やはりに見立てて1次元問題として取り扱ってきた．弾性力学では，より一般的な形状の問題を取り扱う．このための準備として，本章では，微小要素と極限操作の概念を説明する．これにより弾性力学の基本的な考え方を理解する．

1.1 応力成分と変位成分

機械を構成している部品は，一般には複雑な形状をしている．このような複雑な形状の部品を棒やはりに置き換えて，部品に生じている応力や伸びを計算する学問が，**材料力学** (strength of materials) である．材料力学では，図1.1に示すように，外力（以下では**荷重** (load) とよぶことにする）が作用する方向と部品の軸線が一致する場合には**棒** (bar)，荷重が作用する方向と部品の軸線とが一致しない場合には**はり** (beam)，のように区別する．

(a) 棒　　　　　　　　　　(b) はり

図 1.1 材料力学における部品形状

つぎに，図1.2に示すように，荷重が作用する部品において，その軸線に沿う任意の位置を仮想的に切断する．このように仮想的に切断した面を**仮想切断面** (imaginary cross section) とよぶ．この面には，荷重に抗するような力が発生している．この力は**内力** (internal force) とよばれ，これは棒が破断しないような**抵抗力** (resistance

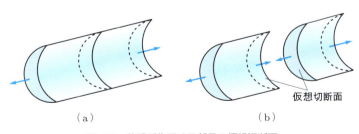

(a)　　　　　　　　　　(b)

図 1.2 荷重が作用する部品の仮想切断面

force) を意味する．荷重はあらゆる方向から部品に作用するため，内力もこれに抵抗するようにして生じている．

つぎに，内力と仮想切断面の関係について考える．ある大きさの内力に対して仮想切断面の面積が大きければ，部品が壊れにくくなる．このことを数値的に表すために，材料力学では，仮想切断面の面積によって除された内力の大きさに注目する．これを**応力** (stress) という．内力はベクトルであるから，仮想切断面に垂直な方向の内力をその面積で除した応力は，**垂直応力** (normal stress) とよばれ，σ と書かれる．また，仮想切断面に平行な方向の内力をその面積で除した応力は，**せん断応力** (shear stress) とよばれ，τ と書かれる．これらの応力はまとめて**応力成分** (components of stress) とよばれる．

荷重が作用すると，部品は伸びる．材料力学では，その大きさを**伸び** (elongation) といい，δ と書く．これに伴って，軸線に沿っておかれた仮想切断面も内力の大きさに応じて移動する．この移動量を**変位** (displacement) といい，u と書く．**弾性力学** (elasticity) では，伸びと変位は区別される．ただし，部品の端点で変位は伸びと一致することになる．応力と同様に，単位長さあたりの変位に注目する．材料力学では，これは**ひずみ** (strain) とよばれる．垂直応力により生じた単位長さあたりの変位は，**垂直ひずみ** (normal strain) とよばれ，ε と書かれる．また，せん断応力によって生じた単位長さあたりの横方向の変位は，**せん断ひずみ** (shear strain) とよばれ，γ と書かれる．これらはまとめて**ひずみ成分** (components of strain) とよばれる．

自然長 (l) のバネを δ だけ伸ばすために外力 P が必要であるとき，外力と伸びの間には $P = k\delta$ が成り立つことが知られる．この関係は**フックの法則** (Hooke's law) とよばれる．この関係は，荷重が作用する部品においても同様に成り立つ．荷重 P によって一様な断面積 A，元の長さ l の棒が δ だけ伸びるとき，垂直応力と垂直ひずみの間には $\sigma = E\varepsilon$ が成り立つ．ここで，$\sigma = P/A$ および $\varepsilon = \delta/l$ である．また，E は**縦弾性係数（ヤング率）** (modulus of elasticity または Young's modulus) とよばれ，材料の種類によって異なった値となる．せん断応力とせん断ひずみの間においても，$\tau = G\gamma$ が成り立つことが知られる．ここで，G は**横弾性係数** (modulus of rigidity) とよばれる材料定数である．なお，横弾性係数は縦弾性係数を用いて，

$$G = \frac{E}{2(1+\nu)} \tag{1.1}$$

となることが知られる．ここで，ν は**ポアソン比** (Poisson's ratio) とよばれる材料定数であり，棒の伸び方向に対してどれだけ横方向に縮んだかを表す比率である．式 (1.1) は本書でよく使うので覚えておいてほしい．

1.2 弾性力学による材料力学の問題の解法

● 1.2.1 ● 引張荷重を受ける棒の問題

図 1.3 に示すような，軸線に沿って断面積が関数 $A = A(x)$ $(0 \leq x \leq l)$ に従って変化する長さ l の棒がある．この棒の左端は剛体壁に固定されており，右端には引張荷重 P が軸線に沿って作用しているものとする．棒の縦弾性係数を E とする．このとき，弾性力学に従って，この棒に生じる垂直応力と伸びを計算してみる．

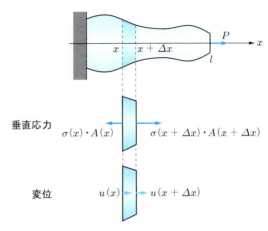

図 1.3　任意断面形状を有する棒の引張

左端から位置 x に仮想切断面をおく．材料力学では，この仮想切断面に対して右側を切り出して自由体図を描き，力のつり合いにより仮想切断面に生じている内力を求める．これに対して弾性力学では，この仮想切断面からさらに微小距離 Δx だけ離れた位置 $x + \Delta x$ に別の仮想切断面をおく．そして，これらの仮想切断面で挟まれた**微小要素** (small element) を切り出し，その自由体図を描く．自由体図においては，図に示すように，微小要素の左側の仮想切断面には内力 $-\sigma(x) \cdot A(x)$ が，右側には $+\sigma(x + \Delta x) \cdot A(x + \Delta x)$ が作用する．ここで，Δx は微小量であることに注意すると，$\sigma(x + \Delta x)$ と $A(x + \Delta x)$ はそれぞれ $\sigma(x)$ と $A(x)$ に近い値であるとしてよく，

$$\sigma(x + \Delta x) \cdot A(x + \Delta x) \cong (\sigma(x) + \Delta\sigma) \cdot (A(x) + \Delta A) \tag{1.2}$$

のように，微小量 $\Delta\sigma$，ΔA を用いて書くことができる．

微小要素の力のつり合いの式から，

$$\sum X_{x\text{軸方向}} = -\sigma(x) \cdot A(x) + (\sigma(x) + \Delta\sigma) \cdot (A(x) + \Delta A) = 0 \tag{1.3}$$

が成り立つ．この式の括弧を展開すると，

$$-\sigma(x) \cdot A(x) + \sigma(x) \cdot A(x) + \Delta\sigma \cdot A(x) + \Delta A \cdot \sigma(x) + \Delta\sigma \cdot \Delta A = 0$$

となり，左辺における $\Delta\sigma \cdot \Delta A$ はほかの項に比べて小さな量であることから，この項を無視して，

$$\Delta\sigma \cdot A(x) + \Delta A \cdot \sigma(x) = 0$$

となる．よって，

$$\frac{\Delta\sigma}{\Delta A} + \frac{\sigma(x)}{A(x)} = 0 \tag{1.4}$$

が得られる．

最後に，**極限操作** (limit operation) $\Delta x \to 0$ により，つぎのような微分方程式が得られる．

$$\frac{d\sigma}{dA} + \frac{\sigma(x)}{A(x)} = 0 \tag{1.5}$$

この微分方程式は**応力の平衡方程式** (equilibrium equation of stress) とよばれる．

この微分方程式は以下のようにして解くことができる．まず，応力の項と断面積の項に分けて，

$$\frac{d\sigma}{\sigma(x)} + \frac{dA}{A(x)} = 0 \tag{1.6}$$

とする．つぎに，これを積分して，

$$\ln \sigma(x) + \ln A(x) = C$$

を得る．ここで，C は積分定数である．この式は

$$\sigma(x) A(x) = D \tag{1.7}$$

である．ここで，$D = e^C$ とおいた．

定数 D を決めるためには，**境界条件** (boundary condition) が必要となる．本問題の境界条件は「$x = l$ にて $\sigma(l)A(l) = P$」であり，

$$D = P \tag{1.8}$$

と決まる．よって，棒にはつぎのように垂直応力が分布する．

$$\sigma(x) = \frac{P}{A(x)} \tag{1.9}$$

つぎに，棒に生じる伸びを計算する．再び，仮想切断面で挟まれた微小要素につい

て考える．図 1.3 に示すように，左端の仮想切断面が軸線に沿って右向きに $u(x)$ だけ変位したとすれば，右端の仮想切断面は $u(x+\Delta x)$ だけ変位することになる．Δx は微小量であるから，$u(x+\Delta x) \cong u(x)+\Delta u$ のように書くことができる．微小要素における伸びを元の長さで割ることで，垂直ひずみがつぎのように得られる．

$$\varepsilon = \frac{\{u(x)+\Delta u\}-u(x)}{\Delta x} \tag{1.10}$$

よって，

$$\varepsilon = \frac{\Delta u}{\Delta x}$$

であり，極限操作 $\Delta x \to 0$ により，

$$\varepsilon = \frac{du}{dx} \tag{1.11}$$

となる．このことから，垂直ひずみは変位を 1 回微分すれば求められることがわかる．

最後に，フックの法則

$$\sigma = E\varepsilon \tag{1.12}$$

により垂直ひずみについて求めると，

$$\varepsilon = \frac{\sigma}{E}$$

となる．これに垂直応力の式 (1.9) を代入して，

$$\varepsilon = \frac{1}{E} \cdot \frac{P}{A(x)}$$

とし，式 (1.11) を用いて垂直ひずみを変位で表すことで，

$$\frac{du}{dx} = \frac{1}{E} \cdot \frac{P}{A(x)} \tag{1.13}$$

を得る．この方程式は**変位の微分方程式** (differential equation of displacement) とよばれる．上式を積分すれば，軸線上の位置 x での変位 $u(x)$ がつぎのように求められる．

$$u(x) = \frac{P}{E}\int_0^x \frac{1}{A(x)}dx \tag{1.14}$$

よって，棒の伸びはつぎのようになる．

$$\delta = u(l) = \frac{P}{E}\int_0^l \frac{1}{A(x)}dx \tag{1.15}$$

例題 1-1 任意断面を有する棒が引張荷重を受ける問題において，断面積 $A(x)$ がつぎのように変化しているものとする．

$$A(x) = \frac{A_l - A_0}{l}x + A_0 \tag{1.16}$$

このとき，棒に生じる垂直応力と伸びを求めよ．ただし，$A_l < A_0$ とする．

[解答] 先の問題により，棒には垂直応力が式 (1.9) のように分布することがわかっている．よって，台形状に変化する棒の垂直応力 σ はつぎのようになる．

$$\sigma(x) = \frac{Pl}{(A_l - A_0)x + A_0 l} \tag{1.17}$$

また，式 (1.14) より変位を計算すると，

$$u(x) = \frac{P}{E}\int_0^x \frac{1}{\frac{A_l - A_0}{l}x + A_0} dx$$

$$= \frac{Pl}{E(A_l - A_0)}\left\{\ln\left(\frac{A_l - A_0}{l}x + A_0\right) - \ln(A_0)\right\}$$

となるので，伸び δ は $\delta = u(l)$ より，つぎのようになる．

$$\delta = \frac{Pl}{E(A_l - A_0)}\ln\left(\frac{A_l}{A_0}\right) \tag{1.18}$$

●1.2.2● 分布荷重を受けるはりの問題

図 1.4 に示すような分布荷重 $p(x)$ を受けるはりについて考える．材料力学では，鉛直下向きに y 軸をとるものと約束する．ここでも，座標軸の向きは材料力学に従うものとする．はりの左端から軸線に沿う位置 x に仮想切断面をおき，この位置からさらに微小量 Δx だけ離れた位置に別の仮想切断面をおく．これらの仮想切断面で挟まれた微小要素に対する力のつり合い，モーメントのつり合いについて考えることで，分

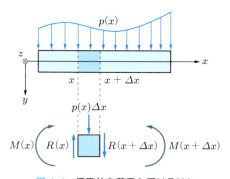

図 1.4 任意分布荷重を受けるはり

布荷重を受けるはりの微分方程式が得られる．

微小要素の左端には，仮想切断面に平行で鉛直上向きに内力 $R(x)$ が作用する．この内力はせん断応力を発生させることから，**せん断力** (shear force) とよばれる．さらに，時計回りに**曲げモーメント** (bending moment)$M(x)$ が作用する．ここで，図に示した方向がせん断力とモーメントの正の方向となる．一方，右端には，鉛直下向きにせん断力 $R(x+\Delta x) \cong R(x)+\Delta R$，反時計回りに曲げモーメント $M(x+\Delta x) \cong M(x)+\Delta M$ が作用する．また，微小要素の上面には，鉛直下向きに分布荷重 $p(x)\Delta x$ が作用する．よって，これらのせん断力，分布荷重，曲げモーメントに対して，力のつり合い，モーメントのつり合いを考えればよい．

はじめに，微小要素の y 軸方向の力のつり合いの式は

$$\sum Y_{y\text{軸方向}} = -R(x) + \{R(x)+\Delta R\} + p(x)\Delta x = 0 \tag{1.19}$$

である．これは

$$\frac{\Delta R}{\Delta x} + p(x) = 0$$

となり，極限操作 $\Delta x \to 0$ により，つぎの微分方程式が得られる．

$$\frac{dR}{dx} + p(x) = 0 \tag{1.20}$$

つぎに，モーメントのつり合いの式は，微小要素の左端を回転中心とすれば，

$$\sum M_{z\text{軸まわり}} = -\{M(x)+\Delta M\} + M(x)$$
$$+ p(x)\Delta x \cdot \frac{\Delta x}{2} + \{R(x)+\Delta R\}\cdot \Delta x = 0 \tag{1.21}$$

である．ここで，図 1.4 の $\otimes$ が示すように，z 軸は紙面から奥の方向にとられており，この方向に時計まわりの回転方向をモーメントの正とする．

$(\Delta x)^2 \cong 0$ および $\Delta R \cdot \Delta x \cong 0$ に注意しながら整理すると，この式は

$$\frac{\Delta M}{\Delta x} - R(x) = 0$$

となり，極限操作 $\Delta x \to 0$ により，つぎの微分方程式が得られる．

$$\frac{dM}{dx} - R(x) = 0 \tag{1.22}$$

これを力のつり合いの式から得られた微分方程式 (1.20) に代入して，

$$\frac{d^2 M}{dx^2} + p(x) = 0 \tag{1.23}$$

を得る．ここで，材料力学におけるはりのたわみの微分方程式

$$\frac{d^2y}{dx^2} = -\frac{M}{EI} \qquad (1.24)$$

の曲げモーメント M の項を式 (1.23) に代入することで，たわみに関するつぎのような 4 階の微分方程式が得られる．

$$\frac{d^4y}{dx^4} = \frac{p(x)}{EI} \qquad (1.25)$$

はりの支持方法に対する境界条件を考慮してこの微分方程式を解くことで，任意分布荷重を受けるはりのたわみを計算できる．

例題 1-2 任意分布荷重を受けるはりの問題において，分布荷重 $p(x)$ がつぎのように与えられ，はりの両端が単純支持されているとき，はりのたわみ曲線を求めよ．

$$p(x) = \frac{p_0}{l}x + p_1 \qquad (1.26)$$

[解答] 先に求めた，はりのたわみに関する 4 階の微分方程式 (1.25) に分布荷重 (1.26) を代入して積分する．すると，

$$y = \frac{p_0}{120lEI}x^5 + \frac{p_1}{24EI}x^4 + \frac{1}{6}C_1 x^3 + \frac{1}{2}C_2 x^2 + C_3 x + C_4$$

となる．ここで，$C_1 \sim C_4$ は積分定数である．また，境界条件は

$$\begin{aligned} & x=0 \text{ にて，} y=0 \text{ および } M=0 \left(\frac{d^2y}{dx^2}=0\right) \\ & x=l \text{ にて，} y=0 \text{ および } M=0 \left(\frac{d^2y}{dx^2}=0\right) \end{aligned} \qquad (1.27)$$

であるから，これらにより積分定数を求める．すぐに $C_2 = C_4 = 0$ がわかり，さらに計算を進めると，はりのたわみ曲線は

$$EIy = \frac{p_0}{120l}x^5 + \frac{p_1}{24}x^4 - \frac{1}{12}\left(\frac{1}{3}p_0 + p_1\right)lx^3 + \frac{1}{24}\left(\frac{7}{15}p_0 + p_1\right)l^3 x \qquad (1.28)$$

と求められる．

1 章のまとめ

ある点での応力成分や変位成分を知りたいときは，その点の近傍の微小要素（幅 Δx など）を考える．そして，この微小要素に対して，力のつり合い，モーメントのつり合いを考える．最後に，微小要素を無限小にする極限操作（$\Delta x \to 0$ など）を施すことにより得られる基礎式を解けばよい．

演習問題

1–1 長さ l で一様な断面積 A の棒を,その端部を中心に一定角速度 ω で回転させた.棒の密度を ρ,縦弾性係数を E とする.このとき,棒に生じる垂直応力および棒全体の伸びを求めよ.

1–2 軸線に沿って内力が $N = N(x)$ のように分布し,棒の左端が剛体壁に固定され,右端が軸線に沿って引張荷重 P を受けている.棒に生じる垂直応力の分布と棒全体の伸びを求めよ.ただし,棒の長さを l,断面積を A(一様),縦弾性係数を E とする.

1–3 図 1.5 に示すように,圧縮荷重を受ける棒について考える.圧縮荷重がある値を超えて,棒が図のように横方向に変形し,座屈したとする.このとき,棒のたわみ v に関する微分方程式を求めよ.なお,図中に示した微小要素の端面にはたらいているせん断力と曲げモーメントを用いよ.ここで,棒の縦弾性係数を E,断面二次モーメントを I とする.

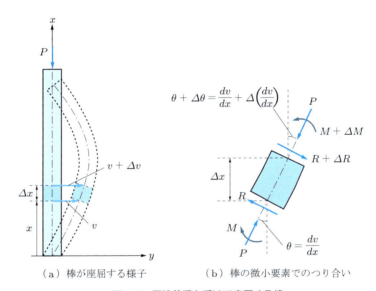

(a)棒が座屈する様子 　　(b)棒の微小要素でのつり合い

図 1.5 　圧縮荷重を受けて座屈する棒

2 数学的準備

弾性力学では，一般的な形状の物体に生じるひずみや応力成分を扱う．その際，これらの物理量はテンソルとよばれる数学的方法で表される．また，1章で学んだ微小要素と極限操作を弾性力学で利用するためには，微分演算子が必要となる．そこで，本章では，弾性力学を学習していくうえで必要な数学を準備しておく．

2.1 指標と表記の簡略化

直角座標系 (x, y, z) におけるそれぞれの座標軸を，以下に示すように，x に下添え字を付けて表すことにする．ここで，下添え字は**指標** (index) とよばれる．

$$x \to x_1, \quad y \to x_2, \quad z \to x_3 \tag{2.1}$$

さらに，これらはつぎのように簡略化して表せる．

$$x_i \quad (i = 1, 2, 3) \tag{2.2}$$

つぎに，行列 $\mathbb{A}$ の要素が

$$\mathbb{A} = \begin{bmatrix} a_{11} & a_{12} & a_{13} \\ a_{21} & a_{22} & a_{23} \\ a_{31} & a_{32} & a_{33} \end{bmatrix} \tag{2.3}$$

で与えられるとき，この行列表示はその成分のみで，つぎのように表すこともできる．

$$a_{ij} \quad (i, j = 1, 2, 3) \tag{2.4}$$

さて，以下に示すようなベクトル方程式を成分のみで表してみることにする．

$$\vec{x'} = \mathbb{A}\vec{x} \tag{2.5}$$

ここで，

$$\vec{x'} = \begin{Bmatrix} x'_1 \\ x'_2 \\ x'_3 \end{Bmatrix}, \quad \vec{x} = \begin{Bmatrix} x_1 \\ x_2 \\ x_3 \end{Bmatrix} \tag{2.6}$$

であるとすれば，式 (2.5) のベクトル方程式は

$$
\begin{Bmatrix} x'_1 \\ x'_2 \\ x'_3 \end{Bmatrix} = \begin{bmatrix} a_{11} & a_{12} & a_{13} \\ a_{21} & a_{22} & a_{23} \\ a_{31} & a_{32} & a_{33} \end{bmatrix} \begin{Bmatrix} x_1 \\ x_2 \\ x_3 \end{Bmatrix} \tag{2.7}
$$

のように書ける．このベクトル方程式を成分に展開すると，つぎのような連立方程式で表される．

$$
\begin{cases} x'_1 = a_{11}x_1 + a_{12}x_2 + a_{13}x_3 \\ x'_2 = a_{21}x_1 + a_{22}x_2 + a_{23}x_3 \\ x'_3 = a_{31}x_1 + a_{32}x_2 + a_{33}x_3 \end{cases} \tag{2.8}
$$

これはまた，

$$
\begin{cases} x'_1 = \sum_{j=1}^{3} a_{1j}x_j \\ x'_2 = \sum_{j=1}^{3} a_{2j}x_j \\ x'_3 = \sum_{j=1}^{3} a_{3j}x_j \end{cases} \tag{2.9}
$$

のように書くこともでき，さらに，つぎのようにまとめて表せる．

$$
x'_i = \sum_{j=1}^{3} a_{ij}x_j \quad (i=1,2,3) \tag{2.10}
$$

ここで，$\sum_{j=1}^{3}$ の記号を省略して，

$$
x'_i = a_{ij}x_j \quad (i,j=1,2,3) \tag{2.11}
$$

のようにベクトル方程式を簡略化して表す．ここで総和記号を省略したが，指標が同じ記号で繰り返されるとき，総和記号が省略されているものと約束する．この約束のことを**総和規約** (summation convention) という．

2.2 ベクトル

座標回転を受けたときの直角座標系について考える．図 2.1 に示すように，2 次元座標系 (x_1, x_2) が反時計回りに角度 θ だけ回転し，回転後の座標系を (x'_1, x'_2) とする．すると，この二つの座標系の間には，つぎの関係が成り立つ．

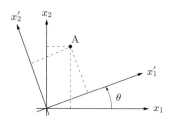

図 2.1 座標変換の説明図

$$\begin{cases} x'_1 = \cos\theta\, x_1 + \sin\theta\, x_2 \\ x'_2 = -\sin\theta\, x_1 + \cos\theta\, x_2 \end{cases} \tag{2.12}$$

この関係式の導出については省略する．各自確認してもらいたい．つぎに，この変換式を指標付き記号 a_{ij} により，以下のように表すことにする．

$$\begin{cases} x'_1 = a_{11}x_1 + a_{12}x_2 \\ x'_2 = a_{21}x_1 + a_{22}x_2 \end{cases} \tag{2.13}$$

ここで，

$$a_{11} = \cos\theta, \quad a_{22} = \cos\theta, \quad a_{12} = \sin\theta, \quad a_{21} = -\sin\theta \tag{2.14}$$

とおいた．これにより，座標変換式はつぎのように成分表示できる．

$$x'_i = a_{ij}x_j \quad (i,j = 1,2) \tag{2.15}$$

図 2.1 における点 A の座標が，回転前の座標系 x_i においては

$$(A_1,\ A_2) \tag{2.16}$$

で，回転後の座標系 x'_i においては

$$(A'_1,\ A'_2) \tag{2.17}$$

でそれぞれ表されるものとする．すると，先に示した座標変換式に従えば，

$$A'_i = a_{ij}A_j \quad (i,j = 1,2) \tag{2.18}$$

が成り立つ．座標，すなわち位置ベクトルに限らず，この座標変換式に従って変換する A_i を一般に**ベクトル** (vector) という．

2.3 テンソル

二つのベクトル A_i と B_i について考える.これらはベクトルであるから,それぞれが座標変換式 (2.18) を満足しなければならない.すなわち,

$$A'_i = a_{ij}A_j, \quad B'_i = a_{ij}B_j$$

が成り立つ.ここで,指標をつぎのように置き換える.

$$A'_i = a_{ik}A_k, \quad B'_j = a_{jl}B_l \tag{2.19}$$

このようにしても結果には何ら影響を及ぼさない.これら二つのベクトルを相互に掛けて,

$$A'_i B'_j = a_{ik}a_{jl}A_k B_l$$

とし,さらに,つぎのように置き換える.

$$A'_i B'_j \to T'_{ij}, \quad A_k B_l \to T_{kl} \tag{2.20}$$

すると,

$$T'_{ij} = a_{ik}a_{jl}T_{kl} \tag{2.21}$$

を得る.このように,各指標についてベクトルの座標変換式と同様の変換をするものを**テンソル** (tensor) という.とくに,式 (2.21) の変換式を満足する T_{ij} は,指標が二つあることから **2 階のテンソル** (2nd order tensor) とよばれる.

三つのベクトル A_i, B_i, C_i の場合についても同様にして,先に示したベクトルどうしの掛け算により,

$$A'_i B'_j C'_k = a_{il}a_{jm}a_{kn}A_l B_m C_n$$

となる.ここで,

$$A'_i B'_j C'_k \to T'_{ijk}, \quad A_l B_m C_n \to T_{lmn}$$

とおいて,

$$T'_{ijk} = a_{il}a_{jm}a_{kn}T_{lmn} \tag{2.22}$$

を得る.これも T_{lmn} がテンソルであるための座標変換式となる.ただし,式 (2.22) においては指標が三つになった.そのため,これは **3 階のテンソル** (3th order tensor) とよばれる.

なお,テンソルのうち,指標が一つの場合 (T_i) は,**1 階のテンソル** (1st order tensor) とよばれるが,我々が馴染みのあるいい方では,これはベクトルである.ま

た，指標がない場合（T）は，**ゼロ階のテンソル** (0th order tensor) とよばれるが，これは**スカラー** (scalar) といわれる大きさのみをもつ量である．このように，テンソルはスカラーやベクトルを含むことがわかる．

例題 2–1 クロネッカーのデルタ記号

$$\delta_{ij} = \begin{cases} 1 & (i = j) \\ 0 & (i \neq j) \end{cases} \tag{2.23}$$

を利用して，原点 O から点 P(x_1, x_2, x_3) までの距離 s を表せ．

[解答] ピタゴラスの定理により，

$$s^2 = x_1^2 + x_2^2 + x_3^2$$

である．指標を利用して，

$$s^2 = x_i x_i \tag{2.24}$$

と表せるが，クロネッカーのデルタ記号を用いると，

$$s^2 = \delta_{ij} x_i x_j$$

となる．よって，距離 s はつぎのように表される．

$$s = \sqrt{\delta_{ij} x_i x_j} \tag{2.25}$$

例題 2–2 置換テンソル

$$e_{ijk} = \begin{cases} 1 & ((i,j,k) = (1,2,3), (2,3,1), (3,1,2) \text{ のとき}) \\ -1 & ((i,j,k) = (1,3,2), (3,2,1), (2,1,3) \text{ のとき}) \\ 0 & (\text{その他}) \end{cases} \tag{2.26}$$

を利用して，2 行 2 列の行列に対する行列式

$$\begin{vmatrix} a_{11} & a_{12} \\ a_{21} & a_{22} \end{vmatrix} = a_{11} a_{22} - a_{12} a_{21} \tag{2.27}$$

を表せ．

[解答] これは置換テンソルを用いて，

$$|a_{ij}| = e_{rs3} a_{r1} a_{s2} \tag{2.28}$$

と表すことができる．成分に展開することで各自確認してほしい．

2.4 微分演算子

関数 $f(x)$ の導関数を表すのに

$$\frac{d}{dx}f(x) \tag{2.29}$$

と書くとき，d/dx を**微分演算子** (differential operator) という．このような演算子を導入することで，$df(x)/dx$ は関数 $f(x)$ に微分演算子 d/dx を左側から作用させたもの，と解釈できる．

つぎに，3次元の場合に拡張し，関数 $f(x_1, x_2, x_3)$ の全微分

$$df = \frac{\partial f}{\partial x_1}dx_1 + \frac{\partial f}{\partial x_2}dx_2 + \frac{\partial f}{\partial x_3}dx_3 \tag{2.30}$$

について考える．これはつぎのようにベクトルを使って表すこともできる．

$$df = \left(\frac{\partial f}{\partial x_1}, \frac{\partial f}{\partial x_2}, \frac{\partial f}{\partial x_3}\right) \cdot (dx_1, dx_2, dx_3) \tag{2.31}$$

ここで，

$$\nabla = \left(\frac{\partial}{\partial x_1}, \frac{\partial}{\partial x_2}, \frac{\partial}{\partial x_3}\right) \tag{2.32}$$

のように書かれる記号 ∇ を用意する．この記号は**ナブラ** (nabla) または**デル** (del) とよばれる．この ∇ を用いると，式 (2.31) の右辺の $\left(\frac{\partial f}{\partial x_1}, \frac{\partial f}{\partial x_2}, \frac{\partial f}{\partial x_3}\right)$ は

$$\nabla f = \left(\frac{\partial}{\partial x_1}, \frac{\partial}{\partial x_2}, \frac{\partial}{\partial x_3}\right) f \tag{2.33}$$

のようにまとめて書くことができる．この式からわかるように，ナブラは微分演算子である．直角座標系における基底ベクトル $\vec{e_i}$ $(i = 1, 2, 3)$ を用いて表せば，∇f は

$$\nabla f = \left(\vec{e_1}\frac{\partial}{\partial x_1} + \vec{e_2}\frac{\partial}{\partial x_2} + \vec{e_3}\frac{\partial}{\partial x_3}\right) f \tag{2.34}$$

と書け，総和規約により簡略して表すと，

$$\nabla f = \vec{e_i}\frac{\partial}{\partial x_i} f \tag{2.35}$$

となる．ここで，式 (2.35) では $i = 1, 2, 3$ について和をとっている．

つぎに，ナブラ記号 ∇ と ∇f の内積を考える．これは以下のように計算される．

$$\nabla \cdot \nabla f = \vec{e}_j \frac{\partial}{\partial x_j} \cdot \vec{e}_i \frac{\partial}{\partial x_i} f$$

$$= \vec{e}_j \cdot \vec{e}_i \frac{\partial}{\partial x_j} \frac{\partial}{\partial x_i} f = \delta_{ji} \frac{\partial}{\partial x_j} \frac{\partial}{\partial x_i} f$$

$$= \frac{\partial}{\partial x_i} \frac{\partial}{\partial x_i} f$$

ここで，$\vec{e}_i \cdot \vec{e}_j = \delta_{ij}$ を用いた．これを具体的に成分で表すと，

$$\nabla \cdot \nabla f = \frac{\partial^2 f}{\partial x_1^2} + \frac{\partial^2 f}{\partial x_2^2} + \frac{\partial^2 f}{\partial x_3^2}$$

となる．通常，$\nabla \cdot \nabla \to \Delta$ とおいて，

$$\Delta f = \frac{\partial^2 f}{\partial x_1^2} + \frac{\partial^2 f}{\partial x_2^2} + \frac{\partial^2 f}{\partial x_3^2} \tag{2.36}$$

と書く．この記号 Δ は**ラプラシアン** (Laplacian) とよばれ，単体で書くと，

$$\Delta = \frac{\partial^2}{\partial x_1^2} + \frac{\partial^2}{\partial x_2^2} + \frac{\partial^2}{\partial x_3^2} \tag{2.37}$$

である．式 (2.37) などからわかるように，この Δ も微分演算子である．

以上，式 (2.32) や式 (2.37) では 3 次元の場合の ∇ や Δ の表式を与えたが，2 次元の場合は各表式の 3 項目をなくすだけである．

工学の問題においては，

$$\Delta f = 0 \tag{2.38}$$

の形の微分方程式がよく登場する．この微分方程式を**調和方程式** (harmonic equation) といい，その解を**調和関数** (harmonic function) という．調和方程式は，熱伝導問題や流体問題においてしばしば見られる．

さらに，

$$\Delta \Delta f = 0 \tag{2.39}$$

の形の微分方程式も出てくることがある．この微分方程式を**重調和方程式** (biharmonic equation) といい，その解を**重調和関数** (biharmonic function) という．

ところで，材料力学では，部材の力のつり合い，モーメントのつり合い，伸びの条件に基づいて，部材に生じる応力や伸びを計算してきたが，**弾性力学では，重調和方程式を適切な境界条件のもとで解き，応力成分や変位成分を計算することになる．**

2章のまとめ

- ベクトルの座標変換式
$$A'_i = a_{ij}A_j$$

- （2階の）テンソルの座標変換式
$$T'_{ij} = a_{ik}a_{jl}T_{kl}$$

- 工学問題で重要な微分方程式

$$\text{調和方程式：} \quad \Delta f = 0$$

$$\text{重調和方程式：} \quad \Delta\Delta f = 0$$

演習問題

2–1 $i, j, k = 1, 2, 3$ として，つぎの式を計算せよ．
 (1) $\delta_{ij}\delta_{ij}$ (2) $\delta_{ij}\delta_{jk}$ (3) $e_{ijk}A_jA_k$

2–2 以下を成分表示せよ．
$$F_{ijk} = b_{ip}b_{jq}b_{kr}H_{pqr} \quad (i,j,k,p,q,r = 1,2)$$

2–3 φ が調和関数ならば
$$\phi = x_1\varphi,\ x_2\varphi,\ \left(x_1^2 + x_2^2\right)\varphi$$

はそれぞれ重調和関数であることを示せ．

2–4 つぎの ϕ は重調和関数であることを示せ．
$$\phi = Ax_1x_2 + Bx_1x_2^3$$

ただし，A および B は任意の実定数とする．

3 応力成分とひずみ成分

弾性力学で扱う一般的な形状を有する物体においては，仮想切断面が任意にとられることから，応力の定義に際しては仮想切断面が向いている方向を考慮しなければならない．また，内力もベクトルであることから，2章で学習した応力成分はテンソルとなる．同様にして，ひずみもテンソルとなる．そこで本章では，一般的な形状を有する物体に生じる応力成分とひずみ成分がテンソルであることを示すとともに，それらの物理的意味について理解する．

3.1 応力成分

応力成分を通常，つぎのように表す．

$$\sigma_{ij} \quad (i,j=1,2,3) \tag{3.1}$$

ここで，この式の意味は「i 軸方向に垂直な仮想切断面に対して j 方向に作用する応力成分」である．この約束（意味）は覚えなければならない．この応力成分がテンソルであることについては後で，微小要素に対する力のつり合いに基づいて証明する．

応力成分がテンソルであることを認めれば，

$$\sigma'_{ij} = a_{ik}a_{jl}\sigma_{kl} \tag{3.2}$$

が成立しなければならない．よって，座標系の回転に伴い，応力成分は式 (3.2) に従って変化することがわかる．このことから，"**与えられた問題に対してどのように座標系を設定したのか**" は重要である．

再び応力成分 σ_{ij} の指標について考える．ここでは理解しやすいように，図 3.1 に示す，荷重を受けて変形している物体中の微小要素を取り上げて考えてみる．図を見る際に注意してほしい点は，微小要素の各辺は材料力学における仮想切断面に相当していること，それらの辺は座標軸に対して平行にとられていることである．微小要素の各辺に対して，図に示すように，辺に垂直方向に作用する応力成分と平行方向に作用する応力成分が存在している．一般には，この二つの応力が組み合わされた状態となる．また，図に示される矢印の方向が応力成分の**正方向**と定義される．正方向は，微小要素の上辺と右辺に作用する応力成分の方向が座標軸の正方向に一致するようにとられる．微小要素の下辺と左辺に作用する応力成分の方向は，先に定義した上辺と

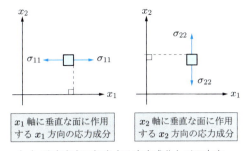

（a）垂直応力に相当する応力成分と正の方向

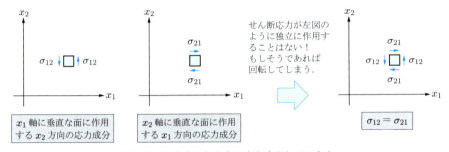

（b）せん断応力に相当する応力成分と正の方向

図 3.1　荷重を受けて変形している物体中の微小要素と応力成分

右辺とは逆方向が正となる．

ここで，せん断応力に相当する応力成分 σ_{12} と σ_{21} は，微小要素の各辺で同時に作用する．よって，微小要素が回転しないためには，

$$\sigma_{12} = \sigma_{21} \tag{3.3}$$

でなければならない．これは**応力成分の対称性** (symmetry of stress components) とよばれる．

以上のことを踏まえて，2 次元平面 (x_1, x_2) における平面形状物体中に生じる応力成分の組み合わせは

$$\begin{array}{cc} \sigma_{11} & \sigma_{12} \\ \sigma_{21} & \sigma_{22} \end{array} \tag{3.4}$$

の四つとなる．さらに，応力成分の対称性 (3.3) を考慮すると，独立な応力成分の数は三つになる．

3 次元空間 (x_1, x_2, x_3) における任意形状の物体中に生じる応力成分の組み合わせは

$$
\begin{array}{ccc}
\sigma_{11} & \sigma_{12} & \sigma_{13} \\
\sigma_{21} & \sigma_{22} & \sigma_{23} \\
\sigma_{31} & \sigma_{32} & \sigma_{33}
\end{array}
\tag{3.5}
$$

の九つである．そして，3次元の場合の応力成分の対称性

$$
\sigma_{12} = \sigma_{21}, \quad \sigma_{13} = \sigma_{31}, \quad \sigma_{23} = \sigma_{32}
\tag{3.6}
$$

により，独立な応力成分の数は六つになる．応力成分の正方向を図3.2に示す．なお，図に示されていない面における応力成分の正方向は，図に示されている方向と逆方向である．

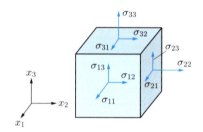

図 3.2　3次元空間における微小要素の応力成分とその正方向

3.2　ひずみ成分

図3.3に示すような任意形状の物体について考える．物体表面の一部が，図のように左下の灰色の部分で固定されており，さらに集中荷重ベクトル $\vec{W}$ も作用している．これにより，右側の図に示すように，物体の形状は破線から実線のように変形する．このような変形に伴って，物体中における点Pも点P$'$へ変位することになる．ここでは，簡単のために，物体が平面形状で2次元平面 (x_1, x_2) にあるものとすれば，この変位ベクトル $\overrightarrow{\mathrm{PP'}} = \vec{u}$ は

$$
\overrightarrow{\mathrm{PP'}} = \vec{u} = (u_1, u_2)
\tag{3.7}
$$

と2成分で書かれる．

変位ベクトルにおける変位成分は (x_1, x_2) を変数にもつ連続関数であり，つぎのように書ける．

$$
u_1 = u_1(x_1, x_2), \quad u_2 = u_2(x_1, x_2)
\tag{3.8}
$$

点Pに生じているひずみ成分を得るために，応力成分と同様に微小要素の概念を利

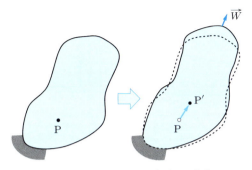

図 3.3　荷重が作用して変形する物体

用する．応力成分と同様にして，ひずみ成分もテンソルであり，

$$\varepsilon_{ij} \quad (i, j = 1, 2) \tag{3.9}$$

と表される．なお，ひずみ成分においても，指標の付け方は応力成分での定義に従い，この式は「i 軸方向に垂直な面が j 軸方向にひずんだ量」を意味する．

図 3.4 のように，点 P の近傍に，x_1 軸に平行に $\overline{\mathrm{PA}} = \Delta x_1$，$x_2$ 軸に平行に $\overline{\mathrm{PB}} = \Delta x_2$ の微小線分を考える．荷重を受けて物体が変形することで，この微小線分が $\overline{\mathrm{P'A'}}$ と $\overline{\mathrm{P'B'}}$ に移動や変形をしたとする．このときの各ひずみ成分を求めてみる．

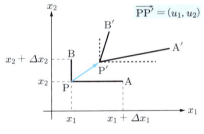

図 3.4　微小線分の変化

垂直ひずみ成分は，この微小線分の元の長さに対する変位量の比率を考えればよい．図 3.5 (a) から，x_1 軸方向の垂直ひずみ ε_{11} は

$$\varepsilon_{11} = \frac{(u_1 + \Delta u_1) - u_1}{\Delta x_1} = \frac{\Delta u_1}{\Delta x_1} \tag{3.10}$$

である．同様に，図 3.5 (b) から，x_2 軸方向の垂直ひずみ ε_{22} は

$$\varepsilon_{22} = \frac{(u_2 + \Delta u_2) - u_2}{\Delta x_2} = \frac{\Delta u_2}{\Delta x_2} \tag{3.11}$$

である．

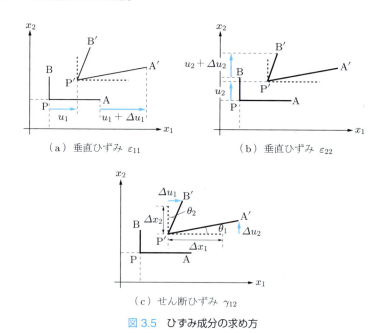

図 3.5　ひずみ成分の求め方

つぎに，せん断ひずみは，図 3.5 (c) において微小線分の傾きから，

$$\gamma_{12} = \theta_1 + \theta_2 \cong \frac{\Delta u_2}{\Delta x_1} + \frac{\Delta u_1}{\Delta x_2} \tag{3.12}$$

である．ここで，せん断ひずみは材料力学で用いられた記号 γ のままであることに注意する．このせん断ひずみ γ_{12} は**工学的せん断ひずみ** (engineering shear strain) とよばれる．

最後に，極限操作 $\Delta x_1 \to 0$, $\Delta x_2 \to 0$ を行うことで，点 P のひずみ成分が

$$\varepsilon_{11} = \frac{\partial u_1}{\partial x_1}, \quad \varepsilon_{22} = \frac{\partial u_2}{\partial x_2}, \quad \gamma_{12} = \frac{\partial u_2}{\partial x_1} + \frac{\partial u_1}{\partial x_2} \tag{3.13}$$

と得られる．ただし，工学的せん断ひずみ γ_{12} のままでは，ε_{11} と ε_{22} と一緒にテンソルにまとめられない．このため，工学的せん断ひずみを ε_{11}, ε_{22} と同じテンソルの成分にするためには，工学的せん断ひずみに 1/2 を掛けて，

$$\varepsilon_{12} = \frac{1}{2}\gamma_{12} \tag{3.14}$$

としなければならない．これにより，ひずみ成分はつぎのようにまとめて表すことができる．

$$\varepsilon_{ij} = \frac{1}{2}\left(\frac{\partial u_i}{\partial x_j} + \frac{\partial u_j}{\partial x_i}\right) \quad (i, j = 1, 2) \tag{3.15}$$

なお，この教科書では，とくに断りがない限り，工学的せん断ひずみを用いる．

3.3 応力成分とひずみ成分の座標変換

2次元平面にある平板形状物体において，応力成分の座標変換は，2章で説明したテンソルの座標変換式 (2.21) から，

$$\sigma'_{ij} = a_{ik}a_{jl}\sigma_{kl} \quad (i, j = 1, 2) \tag{3.16}$$

となる．ここで，$k, l = 1, 2$ については和をとっている．

例題 3–1 式 (3.16) を成分表示せよ．

[解答] 応力成分の座標変換式 (3.16) に

$$a_{11} = \cos\theta, \quad a_{22} = \cos\theta, \quad a_{12} = \sin\theta, \quad a_{21} = -\sin\theta$$

を代入し，整理すると，以下のようになる．

$$\begin{cases} \sigma'_{11} = \cos^2\theta\,\sigma_{11} + \cos\theta\sin\theta\,\sigma_{12} + \cos\theta\sin\theta\,\sigma_{21} + \sin^2\theta\,\sigma_{22} \\ \sigma'_{12} = -\cos\theta\sin\theta\,\sigma_{11} + \cos^2\theta\,\sigma_{12} - \sin^2\theta\,\sigma_{21} + \cos\theta\sin\theta\,\sigma_{22} \\ \sigma'_{22} = \sin^2\theta\,\sigma_{11} - \cos\theta\sin\theta\,\sigma_{12} - \cos\theta\sin\theta\,\sigma_{21} + \cos^2\theta\,\sigma_{22} \end{cases} \tag{3.17}$$

例題 3–2 以下の手順に従い，応力成分がテンソルであることを直接証明せよ．

図 3.6 に示すような直角三角形 △PAB を考える．この直角三角形は，直角座標系 (x_1, x_2) とこの座標系に対して反時計回りに角度 θ だけ回転した別の直角座標系 (x'_1, x'_2) におかれている．ここで，底辺 $\overline{\text{PA}}$ は x_1 軸に平行に，高さ $\overline{\text{PB}}$ は x_2 軸に平行とする．これにより，それぞれの辺にはたらく応力成分は直角座標 (x_1, x_2) から見た $\sigma_{11}, \sigma_{22}, \sigma_{12} = \sigma_{21}$ となる．また，斜辺 $\overline{\text{AB}}$ を x'_1 軸に垂直とすれば，この斜辺にはたらく応力成分は直角座標系 (x'_1, x'_2) から見た $\sigma'_{11}, \sigma'_{12}$ となる．斜辺の長さを $\overline{\text{AB}} = \Delta s$，厚さを 1 とする．また，角 $\angle\text{PBA} = \theta$ である．結局，この微小要素に対して力のつり合いを考えることで，応力成分がテンソルであることを証明すればよい．

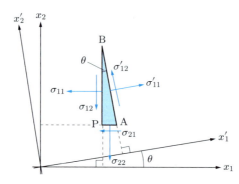

図 3.6 直角三角形からなる微小要素に作用する応力成分

[解答] この直角三角形に対して力のつり合いを考える.

$$\sum X_{x_1 \text{軸方向}} = \sigma'_{11} \cos\theta \,(\Delta s \cdot 1) - \sigma'_{12} \sin\theta \,(\Delta s \cdot 1)$$
$$- \sigma_{11}(\Delta s \cos\theta \cdot 1) - \sigma_{21}(\Delta s \sin\theta \cdot 1) = 0$$

$$\sum Y_{x_2 \text{軸方向}} = \sigma'_{11} \sin\theta \,(\Delta s \cdot 1) + \sigma'_{12} \cos\theta \,(\Delta s \cdot 1)$$
$$- \sigma_{22}(\Delta s \sin\theta \cdot 1) - \sigma_{12}(\Delta s \cos\theta \cdot 1) = 0$$

これらは以下のようにまとめられる.

$$\begin{cases} \sigma'_{11} \cos\theta - \sigma'_{12} \sin\theta = \sigma_{11} \cos\theta + \sigma_{21} \sin\theta \\ \sigma'_{11} \sin\theta + \sigma'_{12} \cos\theta = \sigma_{22} \sin\theta + \sigma_{12} \cos\theta \end{cases}$$

この連立方程式を解くと,

$$\begin{cases} \sigma'_{11} = \cos^2\theta\, \sigma_{11} + \cos\theta \sin\theta\, \sigma_{12} + \cos\theta \sin\theta\, \sigma_{21} + \sin^2\theta\, \sigma_{22} \\ \sigma'_{12} = -\cos\theta \sin\theta\, \sigma_{11} + \cos^2\theta\, \sigma_{12} - \sin^2\theta\, \sigma_{21} + \cos\theta \sin\theta\, \sigma_{22} \end{cases}$$

を得る. これは応力成分の座標変換式 (3.17) に一致している. よって, 応力成分がテンソルであることが示された.

つぎに, ひずみ成分の座標変換式について考える. ひずみ成分も応力成分と同様に2階のテンソルなので, 応力成分の座標変換式と同様に, ひずみ成分の座標変換式は

$$\varepsilon'_{ij} = a_{ik} a_{jl} \varepsilon_{kl} \quad (i, j = 1, 2) \tag{3.18}$$

となる. ここで, $k, l = 1, 2$ については和をとっている.

例題 3–3 式 (3.18) を成分表示せよ.

[解答] 例題 3–1 と同様に計算して，

$$\begin{cases} \varepsilon'_{11} = \cos^2\theta\,\varepsilon_{11} + \cos\theta\sin\theta\,\varepsilon_{12} + \cos\theta\sin\theta\,\varepsilon_{21} + \sin^2\theta\,\varepsilon_{22} \\ \varepsilon'_{12} = -\cos\theta\sin\theta\,\varepsilon_{11} + \cos^2\theta\,\varepsilon_{12} - \sin^2\theta\,\varepsilon_{21} + \cos\theta\sin\theta\,\varepsilon_{22} \\ \varepsilon'_{22} = \sin^2\theta\,\varepsilon_{11} - \cos\theta\sin\theta\,\varepsilon_{12} - \cos\theta\sin\theta\,\varepsilon_{21} + \cos^2\theta\,\varepsilon_{22} \end{cases} \quad (3.19)$$

となる．ここで，せん断ひずみを工学的せん断ひずみに置き換えると，

$$\begin{cases} \varepsilon'_{11} = \cos^2\theta\,\varepsilon_{11} + \cos\theta\sin\theta\,\frac{1}{2}\gamma_{12} + \cos\theta\sin\theta\,\frac{1}{2}\gamma_{21} + \sin^2\theta\,\varepsilon_{22} \\ \frac{1}{2}\gamma'_{12} = -\cos\theta\sin\theta\,\varepsilon_{11} + \cos^2\theta\,\frac{1}{2}\gamma_{12} - \sin^2\theta\,\frac{1}{2}\gamma_{21} + \cos\theta\sin\theta\,\varepsilon_{22} \\ \varepsilon'_{22} = \sin^2\theta\,\varepsilon_{11} - \cos\theta\sin\theta\,\frac{1}{2}\gamma_{12} - \cos\theta\sin\theta\,\frac{1}{2}\gamma_{21} + \cos^2\theta\,\varepsilon_{22} \end{cases} \quad (3.20)$$

となる．なお，これらの表示は，式 (3.17) で

$$\sigma_{11} \to \varepsilon_{11}, \quad \sigma_{22} \to \varepsilon_{22}, \quad \sigma_{12} \to \varepsilon_{12} = \frac{1}{2}\gamma_{12} \quad (3.21)$$

の置き換えを行ったものと同じである．

3 章のまとめ

- 応力成分 σ_{ij} の意味
  i 軸方向に垂直な面に対して j 方向に作用する応力成分
- ひずみ成分 ε_{ij} と変位成分 u_i の関係

$$\varepsilon_{11} = \frac{\partial u_1}{\partial x_1}, \quad \varepsilon_{22} = \frac{\partial u_2}{\partial x_2}, \quad \varepsilon_{12} = \frac{1}{2}\left(\frac{\partial u_2}{\partial x_1} + \frac{\partial u_1}{\partial x_2}\right)$$

- 工学的せん断ひずみ γ_{12}

$$\gamma_{12} = 2\varepsilon_{12}$$

- 応力成分の座標変換式

$$\begin{cases} \sigma'_{11} = \cos^2\theta\,\sigma_{11} + \cos\theta\sin\theta\,\sigma_{12} + \cos\theta\sin\theta\,\sigma_{21} + \sin^2\theta\,\sigma_{22} \\ \sigma'_{12} = -\cos\theta\sin\theta\,\sigma_{11} + \cos^2\theta\,\sigma_{12} - \sin^2\theta\,\sigma_{21} + \cos\theta\sin\theta\,\sigma_{22} \\ \sigma'_{22} = \sin^2\theta\,\sigma_{11} - \cos\theta\sin\theta\,\sigma_{12} - \cos\theta\sin\theta\,\sigma_{21} + \cos^2\theta\,\sigma_{22} \end{cases}$$

- ひずみ成分の座標変換式

$$\begin{cases} \varepsilon'_{11} = \cos^2\theta\,\varepsilon_{11} + \cos\theta\sin\theta\,\frac{1}{2}\gamma_{12} + \cos\theta\sin\theta\,\frac{1}{2}\gamma_{21} + \sin^2\theta\,\varepsilon_{22} \\ \frac{1}{2}\gamma'_{12} = -\cos\theta\sin\theta\,\varepsilon_{11} + \cos^2\theta\,\frac{1}{2}\gamma_{12} - \sin^2\theta\,\frac{1}{2}\gamma_{21} + \cos\theta\sin\theta\,\varepsilon_{22} \\ \varepsilon'_{22} = \sin^2\theta\,\varepsilon_{11} - \cos\theta\sin\theta\,\frac{1}{2}\gamma_{12} - \cos\theta\sin\theta\,\frac{1}{2}\gamma_{21} + \cos^2\theta\,\varepsilon_{22} \end{cases}$$

演習問題

3–1 図 3.7 に示すような長方形板の端面に一様な引張応力 p が作用している．直角座標系を図のようにとったとき，長方形板の図心 G に生じる応力成分 σ_{ij} $(i,j = 1,2)$ を求めよ．また，図に示す直角座標系が原点 O を中心に反時計回りに角度 θ だけ回転したとき，図心 G に生じる応力成分がどのように変化するのか示せ．

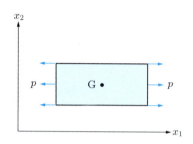

図 3.7 一様引張を受ける長方形板

3–2 図 3.8 に示すような長方形板の端面に一様なせん断応力 q が作用している．直角座標系を図のようにおいたとき，長方形板の図心 G に生じる応力成分 σ_{ij} $(i,j = 1,2)$ を求めよ．また，図に示す直角座標系が原点 O を中心に反時計回りに角度 θ だけ回転したとき，図心 G に生じる応力成分がどのように変化するのか示せ．

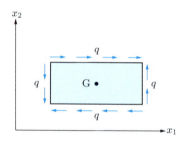

図 3.8 一様せん断を受ける長方形板

3–3 $e = \varepsilon_{kk}$ が直角座標系のとり方によらない不変量であることを，2 次元問題において示せ．また，不変量 e の物理的意味について説明せよ．

3–4 直角座標系 (x_1, x_2) においてひずみ成分がつぎのように与えられた．

$$\varepsilon_{11} = Ax_1^2 + Bx_2^2, \quad \varepsilon_{22} = Cx_1^2 + Dx_2^2, \quad \gamma_{12} = Ex_1x_2$$

このとき，変位場が連続となるような定数 A, B, C, D, E の関係式を示せ．

4 一般化されたフックの法則

これまでに，物体中に生じる応力成分とひずみ成分について詳しく説明してきた．そこで本章では，応力成分とひずみ成分の間を結び付ける，フックの法則について説明する．このために，はじめに，**重ね合せの原理**について説明する．この原理は，弾性力学で扱われるあらゆる問題を解く際に利用されるため，非常に重要である．なお，フックの法則もこの原理を利用して導かれる．

4.1 重ね合せの原理

材料力学や弾性力学では，対象となる問題を解がすでにわかっている問題に分解し，それらの解の和により対象となる問題の解を求めることがよくなされる．

たとえば，図 4.1 に示すような片持ちはりの不静定問題について考えてみよう．一様断面を有するはりの左端は剛体壁に固定され，右端は移動支持により固定されている．この不静定問題を解くために，解がわかっている二つの問題に分離する．本問題においては，"はりの右端での移動支持をはずし，集中荷重 P のみを受けるときのはりの先端でのたわみ δ_1 を求める" 問題 (i)，"はりの右端での移動支持をはずし，はりの先端に集中荷重（反力）R のみを作用させたときのはりの先端でのたわみ δ_2 を求める" 問題 (ii)，に分離する．これらの問題の解は，はりの先端で集中荷重を受ける片持ちはりにおいて，その先端でのたわみとたわみ角の解を利用すれば求められる．これらの問題の詳しい解き方は材料力学の教科書を見てもらいたい．

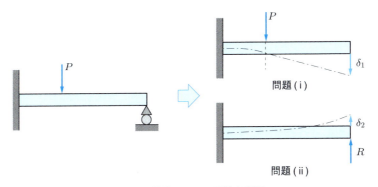

図 4.1 片持ちはりの不静定問題

さて，二つの問題 (i), (ii) の解であるたわみ δ_1 と δ_2 が解けたとする．すると，片持ちはりの不静定問題を解くために，二つのたわみ解の和 $\delta_1 + \delta_2$ をとり，はりの先端にてたわみが発生しないことから

$$\delta_1 + \delta_2 = 0 \tag{4.1}$$

とおけばよい．これを解くことで，はりの先端を支えている支点での反力 R が求められる．これではりに作用しているすべての力がわかったので，不静定はりのせん断力，曲げモーメント，曲げ応力，はりのたわみ曲線が計算できる．これが材料力学における**重ね合せの原理** (principle of superposition) を利用した問題の一例である．

つぎに，図 4.2 に示すような集中荷重を受けて変形した物体の問題について考える．まず物体表面のある点で荷重 $\vec{P_1}$ が作用し，つぎに別の点で荷重 $\vec{P_2}$ が作用するものとする．この結果，点 A に応力成分 σ_{ij} が発生したとする．その後，荷重 $\vec{P_2}$ を取り除き，引き続き荷重 $\vec{P_1}$ も取り除く．すると，変形していた物体の形状は元に戻る．この性質を**弾性** (elastic) という．つぎに，荷重 $\vec{P_2}$ を作用させてから荷重 $\vec{P_1}$ を作用させてみる．このように荷重を作用させる順番を変えても，点 A に発生する応力成分は等しく σ_{ij} である．このことは，"**物体が変形するときの性質が線形的である**" といわれ，弾性力学において重ね合せの原理が適用できることを保証している．

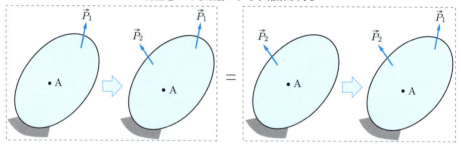

図 4.2 物体の変形の線形性

つぎに，荷重 $\vec{P_1}$ と $\vec{P_2}$ が同時に作用しているときに点 A に発生している応力成分 σ_{ij} を求めることを考える．この問題は，図 4.3 に示すように，それぞれの荷重が独立に作用しているときに点 A に発生する応力成分をあらかじめ計算しておけばよい．荷重 $\vec{P_1}$ が作用しているときに点 A に発生している応力成分を $\sigma_{ij}^{(1)}$，また，荷重 $\vec{P_2}$ が作用しているときに発生している応力成分を $\sigma_{ij}^{(2)}$ とすれば，元の問題の解は二つの問題の解の和により，

$$\sigma_{ij} = \sigma_{ij}^{(1)} + \sigma_{ij}^{(2)} \tag{4.2}$$

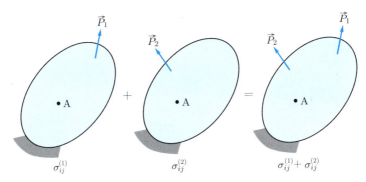

図 4.3 弾性力学における重ね合せの原理

となる．これが弾性力学における重ね合せの原理を利用した解法である．

以上が重ね合せの原理とそれによる問題の解法の概要である．つまらないことを説明してきたように感じるかもしれないが，弾性力学において本質的で非常に重要な原理である．フックの法則もこの原理を利用して求められる．

4.2　一般化されたフックの法則の導出

図 4.4 に示すように，微小立方体の各面に応力成分 $\sigma_{11}, \sigma_{22}, \sigma_{33}$ を独立に作用させたときに立方体に生じるひずみ成分を考える．たとえば，x_1 軸に垂直な面に垂直応力 σ_{11} を作用させると，この立方体は，作用させた応力の方向（x_1 軸方向）に伸びるとともに，x_2 軸方向および x_3 軸方向には縮む．これを式で表すと，

$$\varepsilon_{11}^{(1)} = \frac{\sigma_{11}}{E}$$
$$\varepsilon_{22}^{(1)} = -\nu \varepsilon_{11}^{(1)} = -\nu \frac{\sigma_{11}}{E}$$
$$\varepsilon_{33}^{(1)} = -\nu \varepsilon_{11}^{(1)} = -\nu \frac{\sigma_{11}}{E}$$

となる．ここで，E は縦弾性係数，ν はポアソン比である．同様にして，ほかの面についても，独立に応力成分を作用させて，ひずみ成分を求める．これは図 4.4 に示すとおりである．最後に，各ひずみ成分ごとに和をとると，以下のようになる．

$$\begin{cases} \varepsilon_{11} = \dfrac{1}{E}\left\{\sigma_{11} - \nu(\sigma_{22} + \sigma_{33})\right\} \\ \varepsilon_{22} = \dfrac{1}{E}\left\{\sigma_{22} - \nu(\sigma_{11} + \sigma_{33})\right\} \\ \varepsilon_{33} = \dfrac{1}{E}\left\{\sigma_{33} - \nu(\sigma_{11} + \sigma_{22})\right\} \end{cases} \quad (4.3)$$

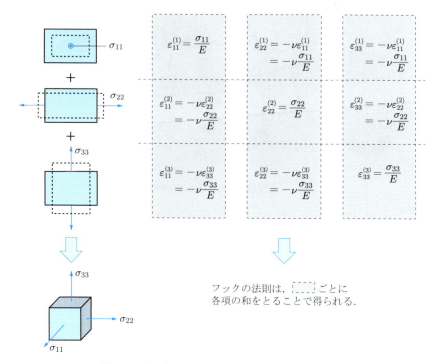

図 4.4 重ね合せの原理によるフックの法則の求め方

一方,せん断ひずみ成分については,せん断応力成分が作用する面に沿って変形するのみで,体積変化は生じない.このため,それぞれのせん断応力成分に対して独立につぎのようになると考えてよい.

$$\begin{cases} \gamma_{12} = \dfrac{1}{G}\sigma_{12} \\ \gamma_{23} = \dfrac{1}{G}\sigma_{23} \\ \gamma_{13} = \dfrac{1}{G}\sigma_{13} \end{cases} \tag{4.4}$$

ここで,G は横弾性係数である.

以上の式 (4.3) と式 (4.4) は,**一般化されたフックの法則** (generalized Hooke's law) とよばれる.なお,E と G の間には,式 (1.1) の関係 $G = E/2(1+\nu)$ がある.

例題 4–1　一般化されたフックの法則を応力成分に対して表せ．

[解答]　式 (4.3) の一般化されたフックの法則

$$\begin{cases} \varepsilon_{11} = \dfrac{1}{E}\{\sigma_{11} - \nu(\sigma_{22} + \sigma_{33})\} & \text{(a)} \\ \varepsilon_{22} = \dfrac{1}{E}\{\sigma_{22} - \nu(\sigma_{11} + \sigma_{33})\} & \text{(b)} \\ \varepsilon_{33} = \dfrac{1}{E}\{\sigma_{33} - \nu(\sigma_{11} + \sigma_{22})\} & \text{(c)} \end{cases}$$

を考える．式 (a)+(b)+(c) のように和をとり，$\varepsilon_{11} + \varepsilon_{22} + \varepsilon_{33} = e$ と書いておくと，

$$e = \frac{1-2\nu}{E}(\sigma_{11} + \sigma_{22} + \sigma_{33})$$

となり，応力成分について解くと，

$$\sigma_{11} + \sigma_{22} + \sigma_{33} = \frac{E}{1-2\nu}e$$

となる．そして，

$$\sigma_{22} + \sigma_{33} = -\sigma_{11} + \frac{E}{1-2\nu}e$$

とし，これを式 (a) に代入して，式 (1.1) を用いて整理すると，

$$\sigma_{11} = 2G\left(\varepsilon_{11} + \frac{\nu}{1-2\nu}e\right)$$

を得る．その他の垂直応力成分も同様にして求められる．また，せん断応力成分については式 (4.4) から求められる．結果は，

$$\begin{cases} \sigma_{11} = 2G\left(\varepsilon_{11} + \dfrac{\nu}{1-2\nu}e\right) \\ \sigma_{22} = 2G\left(\varepsilon_{22} + \dfrac{\nu}{1-2\nu}e\right) \\ \sigma_{33} = 2G\left(\varepsilon_{33} + \dfrac{\nu}{1-2\nu}e\right) \end{cases} \qquad (4.5)$$

および

$$\begin{cases} \sigma_{12} = G\gamma_{12} = 2G\varepsilon_{12} \\ \sigma_{23} = G\gamma_{23} = 2G\varepsilon_{23} \\ \sigma_{13} = G\gamma_{13} = 2G\varepsilon_{13} \end{cases} \qquad (4.6)$$

となる．まとめてテンソル表記してみると，つぎのようになる．

$$\sigma_{ij} = 2G\left(\varepsilon_{ij} + \frac{\nu}{1-2\nu}e\delta_{ij}\right) \quad (i,j = 1, 2, 3) \qquad (4.7)$$

ここで，式 (4.7) の e は**体積ひずみ** (volumetric strain または dilatation) とよばれ，

$$e = \varepsilon_{11} + \varepsilon_{22} + \varepsilon_{33} = \frac{1-2\nu}{E}(\sigma_{11} + \sigma_{22} + \sigma_{33}) \qquad (4.8)$$

である．これは，垂直応力 σ_{11}, σ_{22}, σ_{33} を受けることによって立方体の体積が変化した比率を意味する．

4.3 2次元平面問題に対するフックの法則

　一般の物体は 3 次元形状であるから，これを考慮して一般化されたフックの法則を導いた．しかしながら，3 次元形状の物体に生じる応力成分を実際に計算することには，数学上多くの困難がある．このため，以下のような仮定を設けて，3 次元形状を 2 次元形状化することで問題を解きやすくする工夫がなされる．

（1）平面応力問題

　図 4.5 に示すように，厚さが薄い板に対して，この板面に沿うように荷重が作用しているものとする．このとき，板表面の応力成分はすべてゼロとなり，これを式で書くと，

$$\sigma_{33} = \sigma_{31} = \sigma_{32} = 0 \tag{4.9}$$

となる．さらに，厚さ方向に垂直な x_1-x_2 断面において生じうる応力成分は

$$\sigma_{11}, \quad \sigma_{22}, \quad \sigma_{12} \tag{4.10}$$

であり，これは厚さ方向に一定である．

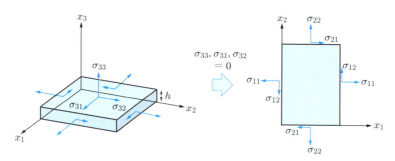

図 4.5　平面応力問題

　このように，3 次元形状の物体を厚さが薄いものと仮定して 2 次元問題とみなせる場合，これを**平面応力問題** (plane stress problem) という．

　平面応力問題に対するフックの法則は，式 (4.3), (4.4), (4.9) より，

$$\begin{cases} \varepsilon_{11} = \dfrac{1}{E}\left(\sigma_{11} - \nu\sigma_{22}\right) \\ \varepsilon_{22} = \dfrac{1}{E}\left(\sigma_{22} - \nu\sigma_{11}\right) \\ \varepsilon_{33} = -\dfrac{\nu}{E}\left(\sigma_{11} + \sigma_{22}\right) \\ \gamma_{12} = \dfrac{1}{G}\sigma_{12} \end{cases} \quad (4.11)$$

となる.ここで,第3式の ε_{33} は,荷重を板が受けることで厚さ方向に板が縮むことを意味している.なお,材料力学で対象としてきた問題は,すべて平面応力問題と仮定されていた.

(2) 平面ひずみ問題

図4.6に示すように,厚さが十分に厚い板に対して,この板面に沿う様に荷重が作用しているものとする.この問題においては,板厚さ方向には伸び縮みしないと考えてよく,

$$\varepsilon_{33} = \varepsilon_{31} = \varepsilon_{32} = 0 \quad (4.12)$$

とおいてよい.一般化されたフックの法則(4.3)にこれを代入すると

$$\varepsilon_{11} = \dfrac{1}{E}\left\{\sigma_{11} - \nu\left(\sigma_{22} + \sigma_{33}\right)\right\}$$

$$\varepsilon_{22} = \dfrac{1}{E}\left\{\sigma_{22} - \nu\left(\sigma_{11} + \sigma_{33}\right)\right\}$$

$$0 = \dfrac{1}{E}\left\{\sigma_{33} - \nu\left(\sigma_{11} + \sigma_{22}\right)\right\}$$

を得る.第3式から板厚さ方向の垂直応力は

$$\sigma_{33} = \nu\left(\sigma_{11} + \sigma_{22}\right) \quad (4.13)$$

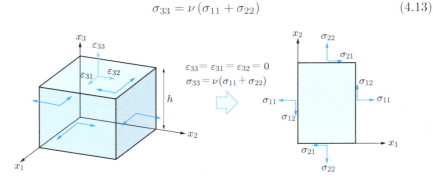

図4.6 平面ひずみ問題

となる.これは,荷重によって板が縮もうとする変形が拘束されることで発生した応力である.この垂直応力を残りの2式に代入して整理すると,

$$\begin{cases} \varepsilon_{11} = \dfrac{1+\nu}{E}\left\{(1-\nu)\sigma_{11} - \nu\sigma_{22}\right\} \\ \varepsilon_{22} = \dfrac{1+\nu}{E}\left\{(1-\nu)\sigma_{22} - \nu\sigma_{11}\right\} \\ \gamma_{12} = \dfrac{1}{G}\sigma_{12} \end{cases} \quad (4.14)$$

が得られる.このように,3次元形状の物体を板厚さが厚いものと仮定して2次元問題とみなせる場合,これを**平面ひずみ問題** (plane strain problem) という.式 (4.14) は平面ひずみ問題に対するフックの法則である.

平面応力問題,平面ひずみ問題に対するフックの法則は,つぎのようにまとめられる.

$$\begin{cases} \varepsilon_{11} = \dfrac{1}{2G}\left\{\sigma_{11} - \dfrac{3-\kappa}{4}(\sigma_{11}+\sigma_{22})\right\} \\ \varepsilon_{22} = \dfrac{1}{2G}\left\{\sigma_{22} - \dfrac{3-\kappa}{4}(\sigma_{11}+\sigma_{22})\right\} \\ \gamma_{12} = \dfrac{1}{G}\sigma_{12} \end{cases} \quad (4.15)$$

ここで,

$$\kappa = \begin{cases} \dfrac{3-\nu}{1+\nu} & (\text{平面応力問題}) \\ 3-4\nu & (\text{平面ひずみ問題}) \end{cases} \quad (4.16)$$

である.また,2次元問題での体積ひずみは

$$e = \varepsilon_{11} + \varepsilon_{22}$$

で定義され,式 (4.15) のうち 1 行目の式と 2 行目の式の和をとることで,

$$e = \dfrac{1}{4G}(\kappa-1)(\sigma_{11}+\sigma_{22}) \quad (4.17)$$

となる.

例題 4–2 式 (4.15) の平面問題に対するフックの法則を応力成分について解け.

[解答] まず,式 (4.17) を応力成分について解くと,

$$\sigma_{11} + \sigma_{22} = \frac{4G}{\kappa - 1} e$$

となる.これを式 (4.15) の 1 行目の式に代入して整理すると,

$$\sigma_{11} = 2G\left\{\varepsilon_{11} - \frac{1}{2}\left(\frac{3-\kappa}{1-\kappa}\right)e\right\}$$

が得られる.そして,ほかの成分も同様にして求められ,以下のようにまとめられる.

$$\begin{cases} \sigma_{11} = 2G\left\{\varepsilon_{11} - \frac{1}{2}\left(\frac{3-\kappa}{1-\kappa}\right)e\right\} \\ \sigma_{22} = 2G\left\{\varepsilon_{22} - \frac{1}{2}\left(\frac{3-\kappa}{1-\kappa}\right)e\right\} \\ \sigma_{12} = G\gamma_{12} = 2G\varepsilon_{12} \end{cases} \quad (4.18)$$

4 章のまとめ

- **重ね合せの原理**
  個々の荷重が作用したときに得られる解を重ね合せることで,複数の荷重が同時に作用するときの解が求められる.
- **一般化されたフックの法則(ひずみ成分に対する表記)**

$$\begin{cases} \varepsilon_{11} = \frac{1}{E}\{\sigma_{11} - \nu(\sigma_{22} + \sigma_{33})\} \\ \varepsilon_{22} = \frac{1}{E}\{\sigma_{22} - \nu(\sigma_{11} + \sigma_{33})\} \\ \varepsilon_{33} = \frac{1}{E}\{\sigma_{33} - \nu(\sigma_{11} + \sigma_{22})\} \end{cases} \quad \begin{cases} \gamma_{12} = \frac{1}{G}\sigma_{12} \\ \gamma_{23} = \frac{1}{G}\sigma_{23} \\ \gamma_{13} = \frac{1}{G}\sigma_{13} \end{cases}$$

- **一般化されたフックの法則(応力成分に対する表記)**

$$\sigma_{ij} = 2G\left\{\varepsilon_{ij} + \frac{\nu}{1-2\nu} e\delta_{ij}\right\} \quad (i,j = 1, 2, 3)$$

体積ひずみ:$e = \varepsilon_{11} + \varepsilon_{22} + \varepsilon_{33}$

- **平面問題に対するフックの法則(応力成分に対する表記)**

$$\sigma_{ij} = 2G\left\{\varepsilon_{ij} - \frac{1}{2}\left(\frac{3-\kappa}{1-\kappa}\right)e\delta_{ij}\right\} \quad (i,j = 1, 2)$$

平面問題に対する体積ひずみ:$e = \varepsilon_{11} + \varepsilon_{22} = \dfrac{\kappa - 1}{4G}(\sigma_{11} + \sigma_{22})$

平面応力問題:$\kappa = \dfrac{3-\nu}{1+\nu}$ 平面ひずみ問題:$\kappa = 3 - 4\nu$

演習問題

4–1 体積ひずみがゼロ,すなわち $e = 0$ のとき,ポアソン比 ν が満足すべき条件を示せ.

4–2 以下の状態におかれた3次元問題を2次元問題として扱うとき,これらの問題が平面ひずみ問題と平面応力問題のどちらが適切か,答えよ.

（1）プラスチック物差しを曲げる問題

（2）アルミフォイルを引っ張る問題

（3）アルミ缶を足で潰す問題

4–3 ひずみエネルギ密度 W は

$$W = \frac{1}{2}\sigma_{ij}\varepsilon_{ij}$$

で表される.

（1）ひずみエネルギ密度をひずみ成分のみで表せ.なお,テンソル表示で答えよ.

（2）次式が成り立つことを示せ.

$$\sigma_{ij} = \frac{\partial W}{\partial \varepsilon_{ij}}$$

5 応力測定法

3章と4章では，応力成分の座標変換，一般化されたフックの法則について学習してきた．本章では，はじめに，主応力と主ひずみについて説明する．これらは，座標系によらない応力値・ひずみ値であり，応力測定をする際に重要な量である．これに続いて，物体表面に生じる応力を測定する方法について説明する．応力測定には，(i) ひずみゲージを利用した方法，(ii) X 線回折を利用した方法，(iii) 表面に多数の点を付けておき，画像処理によりこれらの点の移動量を測定する方法がある．このうち，本章では，(i) について学習する．

5.1 主応力

応力成分の座標変換式 (3.17) の 1 行目と 2 行目は，応力成分の対称性 $\sigma_{12} = \sigma_{21}$ より，

$$\begin{cases} \sigma'_{11} = \sigma_{11} \cos^2 \theta + 2\sigma_{12} \sin \theta \cos \theta + \sigma_{22} \sin^2 \theta \\ \sigma'_{12} = (\sigma_{22} - \sigma_{11}) \cos \theta \sin \theta + \sigma_{12} (\cos^2 \theta - \sin^2 \theta) \end{cases}$$

のようにまとめられ，三角関数の倍角の公式を利用して，

$$\begin{cases} \sigma'_{11} = \frac{1}{2} (\sigma_{11} + \sigma_{22}) + \frac{1}{2} (\sigma_{11} - \sigma_{22}) \cos 2\theta + \sigma_{12} \sin 2\theta \\ \sigma'_{12} = \frac{1}{2} (\sigma_{22} - \sigma_{11}) \sin 2\theta + \sigma_{12} \cos 2\theta \end{cases} \quad (5.1)$$

となる．ここで，特別な方向として $\sigma'_{12} = 0$ となるような方向を探すと，

$$\tan 2\theta = \frac{2\sigma_{12}}{\sigma_{11} - \sigma_{22}} \quad (5.2)$$

が得られる．この条件を満たす角度 θ は二つあり，それらを $\theta_\mathrm{I}, \theta_\mathrm{II}(= \theta_\mathrm{I} \pm 90°)$ と書くことにする．この角度 $\theta = \theta_\mathrm{I}, \theta_\mathrm{II}$ での応力成分は，式 (5.1) より，

$$\begin{cases} \sigma'_{11} = \frac{1}{2} (\sigma_{11} + \sigma_{22}) \pm \sqrt{\frac{1}{4} (\sigma_{11} - \sigma_{22})^2 + \sigma_{12}^2} \\ \sigma'_{12} = 0 \end{cases} \quad (5.3)$$

となる．なお，1 行目の式の ± について，+ のほうが $\theta = \theta_\mathrm{I}$ に，− のほうが $\theta = \theta_\mathrm{II}$ に対応する．よって，この角度になるまで座標系を回転させたとき，せん断応力 σ'_{12}

がゼロになり，垂直応力 σ'_{11} のみが測定されるようになる．このとき，とくに角度 $\theta = \theta_I$ を**主方向** (principal direction) といい，

$$\sigma_{\mathrm{I}} = \frac{1}{2}(\sigma_{11} + \sigma_{22}) + \sqrt{\frac{1}{4}(\sigma_{11} - \sigma_{22})^2 + \sigma_{12}^2}$$
$$\sigma_{\mathrm{II}} = \frac{1}{2}(\sigma_{11} + \sigma_{22}) - \sqrt{\frac{1}{4}(\sigma_{11} - \sigma_{22})^2 + \sigma_{12}^2}$$
(5.4)

を**主応力** (principal stress) という．

主応力と主方向は，材料の強さと材料に発生するき裂面に関係していることが知られており，機械部品の設計上で重要な量と方向である．

5.2 主ひずみ

ひずみ成分の座標変換は，式 (5.1) の導出と同様に式 (3.20) を整理すれば得られるが，3 章ですでに説明したように，

$$\sigma_{11} \to \varepsilon_{11}, \quad \sigma_{22} \to \varepsilon_{22}, \quad \sigma_{12} \to \varepsilon_{12} = \frac{1}{2}\gamma_{12}$$

の置き換えを式 (5.1) に対して行うことでも，

$$\begin{cases} \varepsilon'_{11} = \frac{1}{2}(\varepsilon_{11} + \varepsilon_{22}) + \frac{1}{2}(\varepsilon_{11} - \varepsilon_{22})\cos 2\theta + \frac{1}{2}\gamma_{12}\sin 2\theta \\ \frac{1}{2}\gamma'_{12} = \frac{1}{2}(\varepsilon_{22} - \varepsilon_{11})\sin 2\theta + \frac{1}{2}\gamma_{12}\cos 2\theta \end{cases}$$
(5.5)

のようになることがわかる．ここで，γ_{12} を用いた理由は，次節で説明するひずみゲージにより測定されるひずみが工学的せん断ひずみ γ_{12} であることによる．主応力のときと同様に，$\gamma'_{12} = 0$ となるような方向を探すと，

$$\tan 2\theta = \frac{\gamma_{12}}{\varepsilon_{11} - \varepsilon_{22}}$$
(5.6)

が得られる．この条件を満たす角度 θ は二つあり，それらを $\theta_\mathrm{I}, \theta_\mathrm{II} (= \theta_\mathrm{I} \pm 90°)$ とする．これらの角度のとき，式 (5.5) の第 1 式は

$$\varepsilon_{\mathrm{I}} = \frac{1}{2}(\varepsilon_{11} + \varepsilon_{22}) + \frac{1}{2}\sqrt{(\varepsilon_{11} - \varepsilon_{22})^2 + \gamma_{12}^2}$$
$$\varepsilon_{\mathrm{II}} = \frac{1}{2}(\varepsilon_{11} + \varepsilon_{22}) - \frac{1}{2}\sqrt{(\varepsilon_{11} - \varepsilon_{22})^2 + \gamma_{12}^2}$$
(5.7)

のようになる．これを**主ひずみ** (principal strain) という．

5.3 ひずみゲージによる応力測定法

応力を測定する方法に**ひずみゲージ法** (strain gauge method) がある．これは，平面応力状態とみなせる物体の表面にひずみゲージを接着することで，その点でのひずみ値を測定する方法である．ひずみゲージとして，一般には，電気抵抗線ひずみゲージが用いられる．本節では，ひずみゲージ法の基本原理を説明する．

ひずみゲージの初期抵抗値を R，物体が変形した後のひずみゲージの抵抗変化量を ΔR とすると，そこに生じている垂直ひずみは

$$\varepsilon = \frac{1}{\eta}\frac{\Delta R}{R} \tag{5.8}$$

で与えられることが知られる．ここで，η は**ゲージ率** (gauge factor) とよばれ，電気抵抗線ひずみゲージでは約 2 をとる．よって，ひずみゲージ法では抵抗変化量を精度よく測定すればよいことがわかる．

つぎに，図 5.1 に示すように，物体表面に 3 枚のひずみゲージを接着した状態を考える．このとき，3 枚のうち 2 枚のひずみゲージを直交するように接着し，残りの 1 枚を図 5.1 に示すように 2 枚の間に接着する．それぞれのひずみゲージから $\varepsilon_{11} = a$，$\varepsilon_{22} = b$，$\varepsilon'_{11} = c$ が測定されたとする．式 (5.5) の第 1 式にこれら測定値を代入すると，

$$c = \frac{1}{2}(a+b) + \frac{1}{2}(a-b)\cos 2\theta + \frac{1}{2}\gamma_{12}\sin 2\theta$$

となり，せん断ひずみについて解くと，

$$\gamma_{12} = \frac{2c - (a+b) - (a-b)\cos 2\theta}{\sin 2\theta}$$

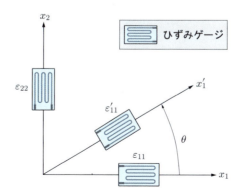

図 5.1 物体表面に接着されたひずみゲージとその配置

が得られる.ここで,せん断ひずみ γ_{12} を d とする.よって,3枚のひずみゲージを用いることで,物体表面に生じているすべてのひずみ成分が求められたことになる.

応力成分は,平面応力状態より,式 (4.18) から,

$$\begin{cases} \sigma_{11} = \dfrac{E}{1-\nu^2}\left(\varepsilon_{11} + \nu\varepsilon_{22}\right) \\ \sigma_{22} = \dfrac{E}{1-\nu^2}\left(\varepsilon_{22} + \nu\varepsilon_{11}\right) \end{cases} \tag{5.9}$$

および

$$\sigma_{12} = \dfrac{E}{2(1+\nu)}\gamma_{12} \tag{5.10}$$

である.これらの式に先に得られた測定結果を代入すると,

$$\sigma_{11} = \dfrac{E}{1-\nu^2}(a + \nu b)$$

$$\sigma_{22} = \dfrac{E}{1-\nu^2}(b + \nu a)$$

$$\sigma_{12} = \dfrac{E}{2(1+\nu)}d$$

となるから,これによりすべての応力成分が求められる.

主応力とその主方向を求めるには,これらの値を式 (5.4) と式 (5.2) にそれぞれ代入すればよい.

例題 5–1 $\sigma_{11} = 1000\,\text{MPa}$,$\sigma_{22} = -200\,\text{MPa}$,$\sigma_{12} = 600\,\text{MPa}$ のとき,主応力の大きさとその主方向を求めよ.

[解答] 式 (5.2) と式 (5.4) に数値を代入して計算すると,以下のように求められる.

$$\sigma_{\text{I}} = 1240\,\text{MPa}, \quad \sigma_{\text{II}} = -440\,\text{MPa}, \quad \theta_I = \dfrac{\pi}{8}$$

例題 5–2 $\varepsilon_{11} = 10^{-3}$,$\varepsilon_{22} = 2 \times 10^{-3}$,$\gamma_{12} = 0$ のとき,x_1 軸から 45° 反時計方向に傾いている面に生じている垂直ひずみ ε'_{11} とせん断ひずみ γ'_{12} をそれぞれ求めよ.

[解答] 式 (5.5) に数値を代入して計算すると,以下のように求められる.

$$\varepsilon'_{11} = 1.5 \times 10^{-3}, \quad \gamma'_{12} = 1 \times 10^{-3}$$

なお,ひずみゲージにより測定されるひずみの単位はマイクロストレイン [μst] である.よって,計測結果に $\times 10^{-6}$ を乗じればよい.

5章のまとめ

- 主応力とその主方向

$$\sigma_{\mathrm{I}} = \frac{1}{2}(\sigma_{11}+\sigma_{22}) + \sqrt{\frac{1}{4}(\sigma_{11}-\sigma_{22})^2 + \sigma_{12}^2}$$

$$\sigma_{\mathrm{II}} = \frac{1}{2}(\sigma_{11}+\sigma_{22}) - \sqrt{\frac{1}{4}(\sigma_{11}-\sigma_{22})^2 + \sigma_{12}^2}$$

$$\tan 2\theta_{\mathrm{I}} = \frac{2\sigma_{12}}{\sigma_{11}-\sigma_{22}}$$

- 主ひずみとその主方向

$$\varepsilon_{\mathrm{I}} = \frac{1}{2}(\varepsilon_{11}+\varepsilon_{22}) + \frac{1}{2}\sqrt{(\varepsilon_{11}-\varepsilon_{22})^2 + \gamma_{12}^2}$$

$$\varepsilon_{\mathrm{II}} = \frac{1}{2}(\varepsilon_{11}+\varepsilon_{22}) - \frac{1}{2}\sqrt{(\varepsilon_{11}-\varepsilon_{22})^2 + \gamma_{12}^2}$$

$$\tan 2\theta_{\mathrm{I}} = \frac{\gamma_{12}}{\varepsilon_{11}-\varepsilon_{22}}$$

演習問題

5–1 図 5.2 のように,丸棒に曲げモーメント M とねじりトルク T が同時に作用しているとき,丸棒に生じる最大主応力を求めよ.ただし,丸棒の直径を d とする.

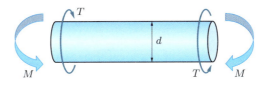

図 5.2 曲げとねじりを受ける丸棒

5–2 弾性体の平面上に直角座標系 (x_1, x_2) をとり,その原点において,x_1 軸から $0, \pi/3, \pi/6$ の角度にひずみゲージを貼り付けて測定したところ,それぞれ $\varepsilon_a, \varepsilon_b, \varepsilon_c$ の垂直ひずみが検出された.つぎの問いに答えよ.
 (1) この点における応力成分 σ_{11},σ_{22} および σ_{12} を求めよ.
 (2) $\varepsilon_a = -1.0\times 10^{-4}, \varepsilon_b = 1.0\times 10^{-4}, \varepsilon_c = 3.0\times 10^{-4}$ および $E = 200\,\mathrm{GPa}$,$\nu = 0.3$ であるとき,主応力を求めよ.

6　2次元平面問題の基礎式

　一般的な形状の物体に生じた応力成分や変位成分を求めるためには，多くの数学的労力を要する．そこで，3次元問題を2次元平面問題に置き換えて考えるとよいことはすでに述べた．2次元平面問題には，平面応力問題と平面ひずみ問題がある．平面応力問題は厚さが比較的薄い平板形状を対象としており，平面ひずみ問題は厚さが十分に厚い板を対象としている．そこで本章では，これら2次元平面問題のための基礎式を導出する．

6.1　応力の平衡方程式

　物体内で応力成分 σ_{ij} が分布しているような一般的な問題について考える．このために，図 6.1 に示すような2次元平面問題から始めよう．1章で導入した微小要素と極限操作の概念を利用して，物体内のある点 A 近傍に微小な長方形（微小要素）を切り出し，それぞれの面に生じている応力成分を長方形の各面に記入すると，図 6.1 のようになる．

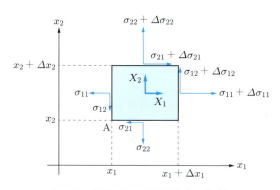

図 6.1　微小要素に対する力のつり合い

　この微小要素に対して力のつり合いを考える．ここで，平板の厚さを 1 とし，微小要素の図心に対して体積力 (X_1, X_2) が作用しているものとする．なお，**体積力** (body force) とは，単位体積あたりに作用する力であり，具体的には，遠心力，電磁力や重力のようなものである．

　この微小要素に対する力のつり合いの式は

$$\sum X_{x_1 \text{軸方向}} = (\sigma_{11} + \varDelta\sigma_{11})(\varDelta x_2 \cdot 1) + (\sigma_{21} + \varDelta\sigma_{21})(\varDelta x_1 \cdot 1)$$
$$- \sigma_{11}(\varDelta x_2 \cdot 1) - \sigma_{21}(\varDelta x_1 \cdot 1) + X_1(\varDelta x_1 \varDelta x_2 \cdot 1) = 0$$
$$\sum X_{x_2 \text{軸方向}} = (\sigma_{22} + \varDelta\sigma_{22})(\varDelta x_1 \cdot 1) + (\sigma_{12} + \varDelta\sigma_{12})(\varDelta x_2 \cdot 1)$$
$$- \sigma_{12}(\varDelta x_2 \cdot 1) - \sigma_{22}(\varDelta x_1 \cdot 1) + X_2(\varDelta x_1 \varDelta x_2 \cdot 1) = 0$$

である．これらの式を整理し，極限操作を行うことで，つぎのような微分方程式が得られる．

$$\begin{cases} \dfrac{\partial \sigma_{11}}{\partial x_1} + \dfrac{\partial \sigma_{21}}{\partial x_2} + X_1 = 0 \\ \dfrac{\partial \sigma_{12}}{\partial x_1} + \dfrac{\partial \sigma_{22}}{\partial x_2} + X_2 = 0 \end{cases} \tag{6.1}$$

この方程式は，応力成分が満足すべき条件であり，**応力の平衡方程式** (equations of equilibrium) とよばれる．応力の平衡方程式を簡略表示すると，

$$\frac{\partial \sigma_{ji}}{\partial x_j} + X_i = 0 \quad (i = 1, 2) \tag{6.2}$$

となる．なお，下添え字を $i = 1, 2, 3$ とおけば，式 (6.2) は 3 次元問題に対する応力の平衡方程式，すなわち

$$\frac{\partial \sigma_{ji}}{\partial x_j} + X_i = 0 \quad (i = 1, 2, 3) \tag{6.3}$$

に容易に拡張できる．

6.2 ひずみの適合条件

これまでに，変位成分を微分することでひずみ成分が得られること（式 (3.15)），フックの法則（式 (4.11) あるいは (4.14)），そして応力の平衡方程式（式 (6.1)）について説明してきた．もし物体内の変位成分がわかっていれば，式 (3.15) に変位成分を代入してひずみ成分が得られる．そして，フックの法則にこれらを代入すれば応力成分が求められる．ところが，この手順に反して，あらかじめ知られている解がひずみ成分であるものとする．ひずみ成分を積分すれば変位成分が得られるが，ここに面倒な問題が生じる．たとえば 2 次元問題について考えてみると，ひずみ成分は 3 成分あるが，これに対して変位成分は 2 成分である．よって，変位成分を求めるには過多な条件となっていることがわかる．積分して得られた変位成分の自由度を拘束する

ためには,もう一つの条件,すなわち**ひずみの適合条件** (condition of compatibility) が必要となる.ひずみの適合条件は,式 (3.13) において,以下のようにして変位を消去することで得られる.すなわち,

$$\varepsilon_{11} = \frac{\partial u_1}{\partial x_1} \quad \Rightarrow \quad \frac{\partial^2 \varepsilon_{11}}{\partial x_2^2} = \frac{\partial^2}{\partial x_1 \partial x_2}\left(\frac{\partial u_1}{\partial x_2}\right)$$

$$\varepsilon_{22} = \frac{\partial u_2}{\partial x_2} \quad \Rightarrow \quad \frac{\partial^2 \varepsilon_{22}}{\partial x_1^2} = \frac{\partial^2}{\partial x_1 \partial x_2}\left(\frac{\partial u_2}{\partial x_1}\right)$$

と微分し,これらの式の和をとった

$$\frac{\partial^2 \varepsilon_{11}}{\partial x_2^2} + \frac{\partial^2 \varepsilon_{22}}{\partial x_1^2} = \frac{\partial^2}{\partial x_1 \partial x_2}\left(\frac{\partial u_1}{\partial x_2} + \frac{\partial u_2}{\partial x_1}\right)$$

において,式 (3.13) のうち γ_{12} の定義式を用いる.そうして得られる

$$\frac{\partial^2 \varepsilon_{11}}{\partial x_2^2} + \frac{\partial^2 \varepsilon_{22}}{\partial x_1^2} = \frac{\partial^2 \gamma_{12}}{\partial x_1 \partial x_2} \tag{6.4}$$

が 2 次元問題に対するひずみの適合条件である.

3 次元問題に対するひずみの適合条件も,同様にして導くことができる.その結果は以下である.

$$\begin{cases} \dfrac{\partial^2 \varepsilon_{11}}{\partial x_2^2} + \dfrac{\partial^2 \varepsilon_{22}}{\partial x_1^2} = \dfrac{\partial^2 \gamma_{12}}{\partial x_1 \partial x_2} \\[6pt] \dfrac{\partial^2 \varepsilon_{22}}{\partial x_3^2} + \dfrac{\partial^2 \varepsilon_{33}}{\partial x_2^2} = \dfrac{\partial^2 \gamma_{23}}{\partial x_2 \partial x_3} \\[6pt] \dfrac{\partial^2 \varepsilon_{33}}{\partial x_1^2} + \dfrac{\partial^2 \varepsilon_{11}}{\partial x_3^2} = \dfrac{\partial^2 \gamma_{31}}{\partial x_3 \partial x_1} \\[6pt] 2\dfrac{\partial^2 \varepsilon_{11}}{\partial x_2 \partial x_3} = \dfrac{\partial}{\partial x_1}\left(-\dfrac{\partial \gamma_{23}}{\partial x_1} + \dfrac{\partial \gamma_{31}}{\partial x_2} + \dfrac{\partial \gamma_{12}}{\partial x_3}\right) \\[6pt] 2\dfrac{\partial^2 \varepsilon_{22}}{\partial x_3 \partial x_1} = \dfrac{\partial}{\partial x_2}\left(-\dfrac{\partial \gamma_{13}}{\partial x_2} + \dfrac{\partial \gamma_{12}}{\partial x_3} + \dfrac{\partial \gamma_{23}}{\partial x_1}\right) \\[6pt] 2\dfrac{\partial^2 \varepsilon_{33}}{\partial x_1 \partial x_2} = \dfrac{\partial}{\partial x_3}\left(-\dfrac{\partial \gamma_{12}}{\partial x_3} + \dfrac{\partial \gamma_{23}}{\partial x_1} + \dfrac{\partial \gamma_{13}}{\partial x_2}\right) \end{cases} \tag{6.5}$$

ここで,これまでに得られている関係をまとめると,図 6.2 のようになる.

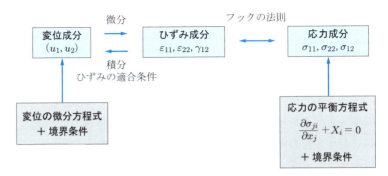

図 6.2 変位,ひずみ,応力の相互関係

6.3 変位の微分方程式

応力の平衡方程式は

$$\begin{cases} \dfrac{\partial \sigma_{11}}{\partial x_1} + \dfrac{\partial \sigma_{12}}{\partial x_2} + X_1 = 0 \\ \dfrac{\partial \sigma_{12}}{\partial x_1} + \dfrac{\partial \sigma_{22}}{\partial x_2} + X_2 = 0 \end{cases}$$

である.ここで,$\sigma_{12} = \sigma_{21}$ を考慮した.

平面応力問題に対するフックの法則

$$\begin{cases} \sigma_{11} = 2G\left(\varepsilon_{11} + \dfrac{\nu}{1-\nu}e\right) \\ \sigma_{22} = 2G\left(\varepsilon_{22} + \dfrac{\nu}{1-\nu}e\right) \\ \sigma_{12} = G\gamma_{12} \end{cases}$$

を応力の平衡方程式に代入し,さらに,ひずみ成分に

$$\varepsilon_{11} = \frac{\partial u_1}{\partial x_1}, \quad \varepsilon_{22} = \frac{\partial u_2}{\partial x_2}, \quad \gamma_{12} = \frac{\partial u_1}{\partial x_2} + \frac{\partial u_2}{\partial x_1}$$

を代入することで,つぎのような**変位の微分方程式** (equations of displacements) が得られる.

$$\begin{cases} \Delta u_1 + \left(\dfrac{1+\nu}{1-\nu}\right)\dfrac{\partial e}{\partial x_1} + \dfrac{X_1}{G} = 0 \\ \Delta u_2 + \left(\dfrac{1+\nu}{1-\nu}\right)\dfrac{\partial e}{\partial x_2} + \dfrac{X_2}{G} = 0 \end{cases} \tag{6.6}$$

平面ひずみ問題も考慮したより一般的な変位の微分方程式は,つぎのようになる.

$$\begin{cases} \Delta u_1 - \left(\dfrac{2}{1-\kappa}\right)\dfrac{\partial e}{\partial x_1} + \dfrac{X_1}{G} = 0 \\ \Delta u_2 - \left(\dfrac{2}{1-\kappa}\right)\dfrac{\partial e}{\partial x_2} + \dfrac{X_2}{G} = 0 \end{cases} \tag{6.7}$$

ここで，κ は式 (4.16) で与えられたものである．

次節で説明する境界条件のもとでこの変位の微分方程式を解けば，あらゆる 2 次元弾性問題に対する応力成分を求めることができる．しかし，これはあくまでも原理的な話である．式 (6.7) の偏微分方程式は非常に複雑な形をしている（2 次元平面問題に問題を簡略化したにもかかわらず）．このため，さまざまな方法を利用して，この偏微分方程式を解かなければならない．その方法として，コンピュータを利用した数値的解法，数学による解析的解法がある．前者の数値的解法として，**差分法** (finite difference method)，**境界要素法** (boundary element method) が挙げられる．後者の解析的解法としては，**積分変換法** (integral transform method)，**変数分離法** (variable separation method) などがある．なお，積分変換法については 8.2 節で，変数分離法については 12.2 節で説明する．

6.4　境界条件

変位の微分方程式を解くために必要となる**境界条件** (boundary condition) について説明しよう．境界条件にはおもに以下の 2 種類がある．

（1）表面で変位が与えられている境界条件

これは，物体表面が固定されていたり，支点で支えられていたり，剛体などの別の物体が接触している場合に相当する．図 6.3 には，物体の表面に変位ベクトル $\vec{u} = (\bar{u}_1, \bar{u}_2)$ が与えられている様子を示している．これを式で表すと，

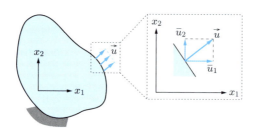

図 6.3　変位が与えられている表面

$$\begin{cases} u_1 = \bar{u}_1 \\ u_2 = \bar{u}_2 \end{cases} \tag{6.8}$$

である．これが表面で変位が与えられている境界条件となる．

（２）表面で表面力が与えられている境界条件

物体表面には応力成分に相当するような物理量を作用させることができない．物体表面には，**単位面積あたりの力ベクトル** $\vec{T}$ を作用させることになる．この力ベクトルは**表面力** (traction) とよばれる．具体的には，物体表面に垂直な圧力，材料力学でおなじみの集中力や分布荷重などが挙げられる．

この表面力が物体表面を介して物体表面近傍で応力成分としてどのように伝達されるのか調べてみよう．このために，図 6.4 に示すように，物体表面近傍に直角三角形の微小要素を考える．直角三角形の先端の角度を α とし，この斜面に作用している表面力を $\vec{T} = (T_1, T_2)$ とすれば，この微小要素に対する力のつり合いより，

$$T_1 \Delta s = \sigma_{11} \Delta s \sin\alpha + \sigma_{21} \Delta s \cos\alpha$$

$$T_2 \Delta s = \sigma_{12} \Delta s \sin\alpha + \sigma_{22} \Delta s \cos\alpha$$

が得られる．ここで，Δs は斜面の長さである．切り出した表面の法線ベクトルを $\vec{n} = (n_1, n_2)$ とすれば，$n_1 = \sin\alpha$，$n_2 = \cos\alpha$ となり，よって，上式は，

$$\begin{aligned} T_1 &= \sigma_{11}\sin\alpha + \sigma_{21}\cos\alpha = \sigma_{11} n_1 + \sigma_{21} n_2 \\ T_2 &= \sigma_{12}\sin\alpha + \sigma_{22}\cos\alpha = \sigma_{12} n_1 + \sigma_{22} n_2 \end{aligned} \tag{6.9}$$

となる．よって，この関係式に従って，表面力が物体表面を介して物体内部に応力成分として伝わっていく．

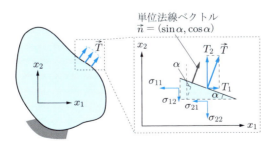

図 6.4 表面力が与えられている表面

例題 6–1 図 6.5 に示す，一様引張を受ける平板の問題について考える．平板の大きさは図に示すとおりであり，その左端が剛体壁に完全に固定されている．このとき，この問題の境界条件を示せ．また，これらの境界条件が，境界面を介して物体内部に変位成分，応力成分としてどのように伝わるのか示せ．

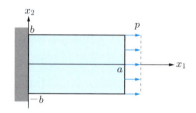

図 6.5 一様引張を受ける平板問題

[解答] 図 6.5 において，境界条件が与えられている境界とその境界条件は，

(1) $x_1 = a, |x_2| \leq b :$ $T_1 = p, T_2 = 0$
(2) $0 \leq x_1 \leq a, x_2 = b :$ $T_1 = 0, T_2 = 0$
(3) $0 \leq x_1 \leq a, x_2 = -b :$ $T_1 = 0, T_2 = 0$
(4) $x_1 = 0, |x_2| \leq b :$ $\bar{u}_1 = 0, \bar{u}_2 = 0$

のようになる．物体表面に作用しているこれらの表面力と変位は，以下のように，物体内部へと伝達されていく．

はじめに，式 (6.9) により，境界条件 (1)〜(3) について考える．

境界条件 (1) は，$\alpha = \dfrac{\pi}{2}$ とおいて $\begin{cases} T_1 = \sigma_{11} \\ T_2 = \sigma_{12} \end{cases}$ であるので，$\begin{cases} \sigma_{11} = p \\ \sigma_{12} = 0 \end{cases}$ のように伝わる．

境界条件 (2) は，$\alpha = 0$ とおいて $\begin{cases} T_1 = \sigma_{21} \\ T_2 = \sigma_{22} \end{cases}$ であるので，$\begin{cases} \sigma_{21} = 0 \\ \sigma_{22} = 0 \end{cases}$ のように伝わる．

境界条件 (3) は，$\alpha = \pi$ とおいて $\begin{cases} T_1 = -\sigma_{21} \\ T_2 = -\sigma_{22} \end{cases}$ であるので，$\begin{cases} \sigma_{21} = 0 \\ \sigma_{22} = 0 \end{cases}$ のように伝わる．

つぎに，式 (6.8) により，境界条件 (4) は，$\begin{cases} u_1 = \bar{u}_1 = 0 \\ u_2 = \bar{u}_2 = 0 \end{cases}$ のように伝わる．

6.5 サンブナンの原理

物体に作用している荷重を，合力および合モーメントがこれと等しいほかの荷重に置き換えるとき，物体に生じる応力状態は，荷重の作用点から十分に離れた場所では，ほとんど同じになる．これを**サンブナンの原理** (Saint-Venant's principle) という．

たとえば，図 6.6 に示すような引張荷重を受ける棒の問題について考える．垂直応力は，荷重 P が作用している点近傍で高くなるよう分布している．これは，この点から放出された力線が密になっていることから想像できる．そして，この点から離れた仮想切断面では，垂直応力が $\sigma = P/A$ のように一定に分布するようになる．

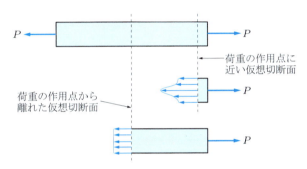

図 6.6　集中荷重による棒の引張問題

つぎに，図 6.7 に示すように，棒の両端に荷重 $P/2$ が作用している別の棒の問題について考える．この場合も図のように，垂直応力は，荷重が作用している点近傍で高くなるように分布する．この分布は図 6.6 の分布とは異なる．しかし，この点から離れた仮想切断面では，図 6.6 の結果と同様な垂直応力 $\sigma = P/A$ が一定に分布するようになる．これがサンブナンの原理である．

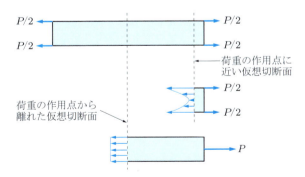

図 6.7　二つの集中荷重による棒の引張問題

実用的な問題として，ボールベアリングの問題について考えてみよう．ここでは，ボールが押し付けられる面は図 6.8 のような無限の広がりをもつ平面とする．このような平面は**半無限体** (semi-infinite solid) とよばれるもので，弾性力学でしばしば取り扱われる形状である．ボールベアリングにおいては，滑らかに軸を回転させるために小さなボールが用いられている．このボールには圧縮荷重が常に作用し，図 6.8 のような状態におかれる．

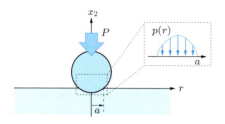 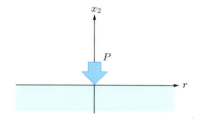

図 6.8　球が押し込まれた半無限体の問題　　図 6.9　集中荷重 P が作用した半無限体の問題

ボールの圧縮荷重を P とすると，ボールと半無限体との接触面では，つぎのような放物形状の垂直応力 $p(r)$ が分布することが知られている．これを**ヘルツの接触応力** (Hertz's contact stress) という．

$$p(r) = \frac{3}{2}\left(\frac{P}{\pi a^2}\right)\sqrt{1-\left(\frac{r}{a}\right)^2} \tag{6.10}$$

ここで，a は接触半径である．

つぎに，ボールの代わりに集中荷重 P が作用する半無限体の問題について考えてみる．図 6.9 に問題の図を示す．この問題において，集中荷重が作用している点では，応力は無限大となる．これを**応力特異性** (stress singularity) という．しかし，この点から離れると，応力分布はボールの接触問題における応力分布と一致するようになる．これもサンブナンの原理による．このことは非常に重要である．たとえば，はりの曲げ試験をする際に，材料力学では集中荷重を作用させるように考えるが，実際にはそのような荷重を試験片に作用させることはできない．そこで，ボールや円柱を介して荷重を試験片に作用させるのである．ボールや円柱が接触している点の近傍ではヘルツの接触応力となるが，接触している点から少し離れると，材料力学で知られるはりの結果に一致するようになる．このため，はりに生じるたわみは，集中荷重も球による荷重も結果は完全に一致する．

応力を計算するときには境界条件を集中荷重で与え，実験では球や円柱を介してヘルツの接触応力により荷重を与える．これこそサンブナンの原理をうまく利用した方法といえる．

例題 6-2 集中荷重に対するサンブナンの原理の応用例について示してきた．これに対して，集中モーメントに対してもサンブナンの原理が適用できるか考察せよ．

[解答] ある距離 Δ だけ離れ，大きさが等しく向きが相互に逆方向の対向した集中荷重対 P を作用させる問題に対して適用できる．単一集中荷重の解を重ね合せることで得られた解と集中モーメントによる解とは，荷重が作用している点から離れた位置で応力分布が一致していることからサンブナンの原理が適用できているか確認できる．

6章のまとめ

- 応力の平衡方程式

$$\frac{\partial \sigma_{ji}}{\partial x_j} + X_i = 0 \quad (i, j = 1, 2, 3)$$

- ひずみの適合条件（2次元平面問題の場合）

$$\frac{\partial^2 \varepsilon_{11}}{\partial x_2{}^2} + \frac{\partial^2 \varepsilon_{22}}{\partial x_1{}^2} = \frac{\partial^2 \gamma_{12}}{\partial x_1 \partial x_2}$$

- 変位の微分方程式（2次元平面問題の場合）

$$\begin{cases} \Delta u_1 - \left(\dfrac{2}{1-\kappa}\right)\dfrac{\partial e}{\partial x_1} + \dfrac{X_1}{G} = 0 \\ \Delta u_2 - \left(\dfrac{2}{1-\kappa}\right)\dfrac{\partial e}{\partial x_2} + \dfrac{X_2}{G} = 0 \end{cases}$$

平面応力問題の場合：$\kappa = \dfrac{3-\nu}{1+\nu}$　　平面ひずみ問題の場合：$\kappa = 3 - 4\nu$

- 境界条件：変位と表面力のいずれかが物体表面に与えられている．

演習問題

6-1 式 (6.4) を求めよ．

6-2 式 (6.6) を求めよ．

6-3 図 6.10 に示す片持ちはりの問題において，表面力に関する境界条件を書き出せ．

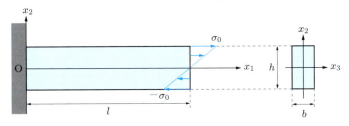

図 6.10　片持ちはりの問題

6–4 つぎの問いに答えよ．
(1) 変位ベクトル (u_1, u_2) の成分がそれぞれ，ある関数 $\phi = \phi(x_1, x_2)$ とつぎのように関係しているものとする．

$$u_1 = \frac{\partial \phi}{\partial x_1}, \quad u_2 = \frac{\partial \phi}{\partial x_2}$$

このようにおくと，ひずみの適合条件を満足することを示せ．
(2) 平面応力状態にあるとき，応力成分 $\sigma_{11}, \sigma_{22}, \sigma_{12}$ をある関数 ϕ により表せ．
(3) 応力の平衡方程式に (2) で求めた応力成分を代入することで，ある関数 ϕ は重調和関数であることを示せ．ただし，物体力は無視するものとする．

6–5 図 6.11 (a) と (b) は，端面に異なる分布の荷重が作用する片持ちはりを示している．はりの断面は，図の右端に示すような長方形断面とする．図 (a) では，はりの上下に大きさが等しく逆向き方向の集中荷重が作用しており，図 (b) では，はりの端面に線形的に分布した応力が作用している．このとき，二つの異なる分布で荷重を受けるはりに生じる応力分布にどのような違いがあるのか説明し，その理由を説明せよ．

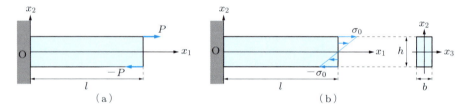

図 6.11 二つの異なる荷重を受ける片持ちはり

7　2次元平面問題の解析的解法

物理においては，ポテンシャル $\phi = \phi(x, y, z)$ とよばれる関数がしばしば用いられる．それは，座標成分でポテンシャルを微分するだけで，そのポテンシャルに対する物理量について，微分した方向の座標成分が得られて便利だからである．たとえば，$\phi = -mgz$ では，

$$\frac{d\phi}{dx} = 0, \quad \frac{d\phi}{dy} = 0, \quad \frac{d\phi}{dz} = -mg$$

となり，鉛直下向きの重力が得られる．また，$\phi = GMm/r$ では，

$$\frac{d\phi}{dx} = -G\frac{Mm}{r^3}x, \quad \frac{d\phi}{dy} = -G\frac{Mm}{r^3}y, \quad \frac{d\phi}{dz} = -G\frac{Mm}{r^3}z$$

となり，万有引力が（中心力の形で）得られる．

このようなポテンシャルは，物理の問題においてだけではなく，弾性力学においても利用されている．そこで本章では，ポテンシャルによる2次元平面問題の解法について説明する．

7.1　応力関数による解法

変位の微分方程式は，複雑な形をした偏微分方程式であった．これを解くことは容易なことではない．ところが，ポテンシャルを利用すると，問題が解きやすくなる．

弾性力学におけるポテンシャル $\phi = \phi(x_1, x_2)$ は，

$$\sigma_{11} = \frac{\partial^2 \phi}{\partial x_2^2}, \quad \sigma_{22} = \frac{\partial^2 \phi}{\partial x_1^2}, \quad \sigma_{12} = -\frac{\partial^2 \phi}{\partial x_1 \partial x_2} \tag{7.1}$$

のように，2階微分することで物理量，すなわち応力成分が得られるように定義される．このポテンシャル ϕ は，**応力関数** (stress function) あるいは**エアリーの応力関数** (Airy's stress function) とよばれる．応力成分と式 (7.1) の形で関係づけられた応力関数を考えるのは，体積力のない場合の応力の平衡方程式（式 (6.1) で $X_1 = X_2 = 0$ としたもの）を自然に満足する，という利点があるためである．確かめることは容易なので，各自確認してみてほしい．

つぎに，平面応力問題におけるひずみ成分は，フックの法則より求められ，

$$\begin{cases} \varepsilon_{11} = \dfrac{1}{E}(\sigma_{11} - \nu\sigma_{22}) = \dfrac{1}{E}\left(\dfrac{\partial^2\phi}{\partial x_2^2} - \nu\dfrac{\partial^2\phi}{\partial x_1^2}\right) \\ \varepsilon_{22} = \dfrac{1}{E}(\sigma_{22} - \nu\sigma_{11}) = \dfrac{1}{E}\left(\dfrac{\partial^2\phi}{\partial x_1^2} - \nu\dfrac{\partial^2\phi}{\partial x_2^2}\right) \\ \gamma_{12} = \dfrac{1}{G}\sigma_{12} = -\dfrac{1}{G}\dfrac{\partial^2\phi}{\partial x_1\partial x_2} \end{cases} \qquad (7.2)$$

となる.よって,応力関数があらかじめわかっていれば,これを微分することで応力成分が容易に得られる.そして,式 (7.2) よりひずみ成分が得られる.ただし,これらのひずみ成分はひずみの適合条件を満足していなければならない.このため,式 (7.2) を式 (6.4) に代入することで,

$$\dfrac{\partial^4\phi}{\partial x_1^4} + 2\dfrac{\partial^4\phi}{\partial x_1^2\partial x_2^2} + \dfrac{\partial^4\phi}{\partial x_2^4} = 0 \qquad (7.3)$$

が得られる.これは**応力関数に関する微分方程式** (differential equations for stress function) とよばれる.よって,式 (7.3) を解けばよい.なお,この微分方程式 (7.3) はつぎのように表すこともできる.

$$\left(\dfrac{\partial^2}{\partial x_1^2} + \dfrac{\partial^2}{\partial x_2^2}\right)\left(\dfrac{\partial^2\phi}{\partial x_1^2} + \dfrac{\partial^2\phi}{\partial x_2^2}\right) = 0$$
$$\Rightarrow \quad \left(\dfrac{\partial^2}{\partial x_1^2} + \dfrac{\partial^2}{\partial x_2^2}\right)\left(\dfrac{\partial^2}{\partial x_1^2} + \dfrac{\partial^2}{\partial x_2^2}\right)\phi = 0$$
$$\Rightarrow \quad \Delta\Delta\phi = 0 \qquad (7.4)$$

この微分方程式は**重調和方程式**である.

7.2 基本的な応力関数

以下に,直角座標系における基本問題について説明する.なお,ここで示す応力関数は,すでに応力関数に関する微分方程式(重調和方程式)(7.4) を満足している.

基本問題 (1):$\phi = A$(定数),あるいは $\phi = Bx_2$

$$\sigma_{11} = 0, \quad \sigma_{22} = 0, \quad \sigma_{12} = 0$$

この応力関数から意味のある応力成分を得ることはできないことがわかる.

基本問題（2）：$\phi = Cx_2^2$

$$\sigma_{11} = 2C, \quad \sigma_{22} = 0, \quad \sigma_{12} = 0$$

この応力関数は**純引張の解** (solution for pure tension) である．

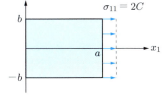

基本問題（3）：$\phi = Dx_2^3$

$$\sigma_{11} = 6Dx_2, \quad \sigma_{22} = 0, \quad \sigma_{12} = 0$$

この応力関数は**純曲げの解** (solution for pure bending) である．

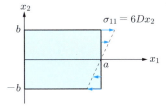

基本問題（4）：$\phi = Ex_1x_2$

$$\sigma_{11} = 0, \quad \sigma_{22} = 0, \quad \sigma_{12} = -E$$

この応力関数は**純せん断の解** (solution for pure shear) である．

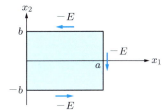

重調和方程式を直接解いてもよいが，重ね合せの原理を利用して，ここに示した基本的な問題の解を組み合わせることで，さまざまな問題の解を得ることができる．以下に，材料力学の問題を例に取り上げて考えてみることにしよう．

7.3 応用例

●7.3.1● 一様引張応力を受ける長方形板の問題

図 7.1 に示す，一様引張応力を受ける長方形板の問題について考える．この問題に適した応力関数と，それによる応力成分および変位成分を求めてみよう．

図の $x_1 = 0$ の面で左右に分けて考えると，この本問題に適した応力関数として，

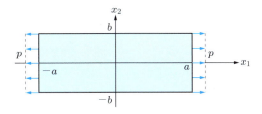

図 7.1　一様引張を受ける長方形板

純引張の解（基本問題 (2)）
$$\phi = Cx_2^2 \tag{7.5}$$
を用いればよいことがわかる．それは，この応力成分が
$$\sigma_{11} = 2C, \quad \sigma_{22} = 0, \quad \sigma_{12} = 0 \tag{7.6}$$
となるからである．

表面力に関する境界条件は，例題 6–1 より，$|x_1| = a$, $|x_2| < b$ の表面に対して
$$\begin{cases} T_1 = \sigma_{11} = p \\ T_2 = \sigma_{12} = 0 \end{cases}$$
となる．これを式 (7.6) に代入して，
$$\sigma_{11} = 2C = p$$
となり，よって，未定係数は
$$C = \frac{p}{2}$$
となる．

以上をまとめると，応力関数と応力成分はつぎのようになる．
$$\phi = \frac{1}{2}px_2^2, \quad \sigma_{11} = p, \quad \sigma_{22} = 0, \quad \sigma_{12} = 0 \tag{7.7}$$

つぎに，変位成分について求める．平面応力問題を仮定すると，ひずみ成分は
$$\begin{cases} \varepsilon_{11} = \dfrac{1}{E}(\sigma_{11} - \nu\sigma_{22}) = \dfrac{1}{E}p \\ \varepsilon_{22} = \dfrac{1}{E}(\sigma_{22} - \nu\sigma_{11}) = -\dfrac{\nu}{E}p \end{cases} \tag{7.8}$$
となり，積分すれば，以下のように変位成分が得られる．
$$\varepsilon_{11} = \frac{\partial u_1}{\partial x_1} = \frac{1}{E}p \quad \Rightarrow \quad u_1 = \frac{1}{E}px_1 + f(x_2) \tag{7.9}$$
$$\varepsilon_{22} = \frac{\partial u_2}{\partial x_2} = -\frac{\nu}{E}p \quad \Rightarrow \quad u_2 = -\frac{\nu}{E}px_2 + g(x_1) \tag{7.10}$$

$0 \leq x_1 \leq a$ と $-a \leq x_1 \leq 0$ の領域が x_2 軸に関して対称に変形することより，境界条件は「$x_1 = 0$, $|x_2| < b$ において $u_1 = 0$」であるから，
$$f(x_2) = 0$$

となる．

ところで，いままでせん断応力については何も触れてこなかったが，本問題の場合には，式 (7.6) より，

$$\sigma_{12} = G\gamma_{12} = G\left(\frac{\partial u_1}{\partial x_2} + \frac{\partial u_2}{\partial x_1}\right) = 0 \tag{7.11}$$

である．この式に式 (7.9) と式 (7.10) を代入すると，つぎの微分方程式が得られる．

$$\frac{dg(x_1)}{dx_1} = 0$$

これを積分することで，

$$g(x_1) = K \text{（定数）}$$

が得られ，よって，

$$u_1 = \frac{1}{E}px_1, \quad u_2 = -\frac{\nu}{E}px_2 + K$$

となる．さらに，長方形板の図心は移動しないことより，境界条件は「$x_1 = 0, x_2 = 0$ にて $u_2 = 0$」であるから，積分定数は

$$K = 0$$

となる．

以上により，本問題の変位成分は

$$u_1 = \frac{1}{E}px_1, \quad u_2 = -\frac{\nu}{E}px_2 \tag{7.12}$$

であることがわかる．この結果は，材料力学で知られている結果と完全に一致している．

●7.3.2● 曲げモーメントを受けるはりの問題

図 7.2 に示す，曲げモーメントを受けるはりの問題について考える．図の $x_1 = 0$ の面で左右に分けて考えると，この問題に適した応力関数として，純曲げの解（基本問題 (3)）

$$\phi = Dx_2^3 \tag{7.13}$$

を用いればよいことがわかる．それは，応力成分が

$$\sigma_{11} = 6Dx_2, \quad \sigma_{22} = 0, \quad \sigma_{12} = 0 \tag{7.14}$$

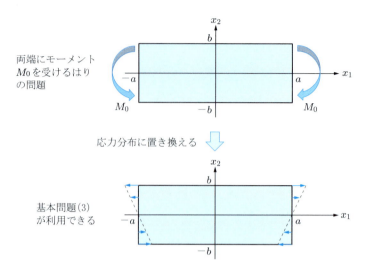

図 7.2 曲げを受けるはりの問題とその置き換え

となるからである.

はりの端面に曲げモーメント M_0 が作用していることを式 (7.14) が満足しているためには，端面での微小要素にはたらく力 $(\sigma_{11} dx_2 \cdot 1)$ と腕の長さ x_2 を掛けた微小要素に対するモーメントを断面全体にわたって総和をとり，これが曲げモーメント M_0 に等しいとすればよい．このことを式で表すと，

$$M_0 = \int_{-b}^{b} (\sigma_{11} \, dx_2 \cdot 1) \times x_2$$

となる．よって，

$$M_0 = \int_{-b}^{b} 6D x_2^2 \, dx_2 = 4D b^3$$

となり，定数を

$$D = \frac{M_0}{4b^3}$$

とおけばよいことがわかる．

以上の結果をまとめると，

$$\phi = \left(\frac{M_0}{4b^3}\right) x_2^3, \quad \sigma_{11} = \left(\frac{3M_0}{2b^3}\right) x_2, \quad \sigma_{22} = 0, \quad \sigma_{12} = 0 \qquad (7.15)$$

となる．

つぎに，式 (7.15) を平面応力問題に対するフックの法則に代入することで，ひずみ

成分がつぎのように得られる．

$$\begin{cases} \varepsilon_{11} = \dfrac{1}{E}(\sigma_{11} - \nu\sigma_{22}) = \left(\dfrac{3M_0}{2Eb^3}\right)x_2 \\ \varepsilon_{22} = \dfrac{1}{E}(\sigma_{22} - \nu\sigma_{11}) = -\nu\left(\dfrac{3M_0}{2Eb^3}\right)x_2 \end{cases}$$

よって，以下のように積分することで変位成分が得られる．

$$\varepsilon_{11} = \dfrac{\partial u_1}{\partial x_1} = \left(\dfrac{3M_0}{2Eb^3}\right)x_2 \quad \Rightarrow \quad u_1 = \left(\dfrac{3M_0}{2Eb^3}\right)x_1 x_2 + f(x_2) \qquad (7.16)$$

$$\varepsilon_{22} = \dfrac{\partial u_2}{\partial x_2} = -\nu\left(\dfrac{3M_0}{2Eb^3}\right)x_2 \quad \Rightarrow \quad u_2 = -\nu\left(\dfrac{3M_0}{4Eb^3}\right)x_2^2 + g(x_1) \qquad (7.17)$$

変位成分に関する境界条件「$x_1 = 0$, $|x_2| < b$ において $u_1 = 0$」より，

$$f(x_2) = 0$$

となる．

ところで，本問題におけるせん断応力は，式 (7.15) より，

$$\sigma_{12} = G\gamma_{12} = G\left(\dfrac{\partial u_1}{\partial x_2} + \dfrac{\partial u_2}{\partial x_1}\right) = 0$$

であるから，式 (7.16) と式 (7.17) を代入すると，つぎの微分方程式を得る．

$$\dfrac{dg(x_1)}{dx_1} = -\left(\dfrac{3M_0}{2Eb^3}\right)x_1$$

この微分方程式を積分することで，

$$g(x_1) = -\left(\dfrac{3M_0}{4Eb^3}\right)x_1^2 + K$$

を得る．ここで，K は定数である．境界条件「$x_1 = 0$, $x_2 = 0$ において $u_2 = 0$」より，この積分定数は

$$K = 0$$

となる．

以上により，本問題の変位成分をまとめると，

$$\begin{cases} u_1 = \left(\dfrac{3M_0}{2Eb^3}\right)x_1 x_2 \\ u_2 = -\left(\dfrac{3M_0}{4Eb^3}\right)(\nu x_2^2 + x_1^2) \end{cases} \qquad (7.18)$$

となる.

これから,とくに,はりの先端 $(x_1 = a, x_2 = 0)$ でのたわみ δ は

$$\delta = u_2|_{x_1=a,\ x_2=0} = -\left(\frac{3M_0}{4Eb^3}\right)a^2 \tag{7.19}$$

となる.これは,材料力学で求められる,長さ a,長方形断面 $(2b \times 1)$ の片持ちはりの先端に曲げモーメント M_0 を受けるときのたわみの結果と,完全に一致していることがわかる.これについては各自確認してほしい.

例題 7-1 図 7.3 に示すように,長方形板のそれぞれの面に異なる表面力 p_1 と p_2 が作用している.このとき,応力関数,応力成分,変位成分をそれぞれ求めよ.ただし,平面応力問題とする.

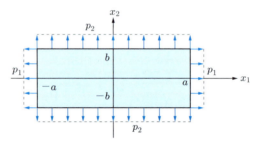

図 7.3 長方形板の二軸引張問題

[解答] 純引張の解(基本問題 (2))を利用して,重ね合せの原理により,応力関数を

$$\phi = C_1 x_2^2 + C_2 x_1^2$$

のようにおく.これにより,応力成分は

$$\sigma_{11} = 2C_1, \quad \sigma_{22} = 2C_2, \quad \sigma_{12} = 0$$

となるからである.

表面力に関する境界条件としては,$|x_1| = a$, $|x_2| < b$ の表面に対して

$$\begin{cases} T_1 = \sigma_{11} = p_1 \\ T_2 = \sigma_{12} = 0 \end{cases}$$

であり,また,$|x_1| < a$, $|x_2| = b$ の表面に対して

$$\begin{cases} T_1 = \sigma_{21} = 0 \\ T_2 = \sigma_{22} = p_2 \end{cases}$$

である．よって，未定係数はつぎのようになる．

$$C_1 = \frac{p_1}{2}, \quad C_2 = \frac{p_2}{2}$$

以上をまとめると，応力関数と応力成分は

$$\phi = \frac{1}{2}\left(p_1 x_2^2 + p_2 x_1^2\right), \quad \sigma_{11} = p_1, \quad \sigma_{22} = p_2, \quad \sigma_{12} = 0$$

となり，また，変位成分は

$$u_1 = \frac{1}{E}(p_1 - \nu p_2) x_1, \quad u_2 = \frac{1}{E}(p_2 - \nu p_1) x_2$$

となる．

7章のまとめ

- 応力関数（エアリーの応力関数）

$$\sigma_{11} = \frac{\partial^2 \phi}{\partial x_2^2}, \quad \sigma_{22} = \frac{\partial^2 \phi}{\partial x_1^2}, \quad \sigma_{12} = -\frac{\partial^2 \phi}{\partial x_1 \partial x_2}$$

- 応力関数に関する微分方程式（重調和方程式）

$$\frac{\partial^4 \phi}{\partial x_1^4} + 2\frac{\partial^4 \phi}{\partial x_1^2 \partial x_2^2} + \frac{\partial^4 \phi}{\partial x_2^4} = 0$$

 演習問題

7–1 応力関数をつぎのような多項式で表現するものとする．

$$\phi = \sum_{n=0}^{N}\sum_{m=0}^{M} a_{n,m} x_1^n x_2^m$$

（1） この応力関数が満たすべき条件式を示せ．
　　［ヒント：この多項式は重調和方程式を満足していなければならない．］
（2） この応力関数に対する応力成分を求めよ．

7–2 以下の応力関数が重調和方程式を満足していることを示せ．また，この応力関数により得られる応力成分を求めよ．

$$\phi = \frac{3F}{4c}\left(x_1 x_2 - \frac{x_1 x_2^3}{3c^2}\right) + \frac{P}{2}x_2^2$$

7–3 以下の応力関数が重調和方程式を満足していることを示せ．また，この応力関数により得られる応力成分を求めよ．

$$\phi = -\frac{F}{d^3} x_1 x_2^2 (3d - 2x_2)$$

7–4 つぎの関数が重調和方程式を満足しているとき,以下の問に答えよ.

$$\phi = \cos(\alpha x_1) f(x_2)$$

(1) 関数 $f(x_2)$ が満たすべき微分方程式を示せ.
(2) 問 (1) で導出した微分方程式の一般解を求めよ.
(3) 関数 ϕ を応力関数としたとき,応力成分を求めよ.

8 2次元平面問題のフーリエ級数とフーリエ積分による解法

　2次元平面問題を考えるにあたって，表面力を受ける有限長さの長方形板の問題の解や，半無限体とよばれる無限に長い直線境界面をもつ弾性体の問題の解がしばしば必要となることがある．これらの問題を解くためには，先に説明した多項式よりも，フーリエ級数やフーリエ積分を用いるほうが便利である．このため本章では，フーリエ級数およびフーリエ積分による数学的解法と，いくつかの工学的に重要な問題について説明する．なお，この章はやや難しく，発展的な内容なので，難しいと感じたら，読み飛ばして，ほかの章を学んでから，再びこの章を読むとよい．

8.1 フーリエ級数による数学的解法

　周期関数を三角関数の足し算で表したものを**フーリエ級数** (Fourier series) という．たとえば，ある関数 $f(x)$ が周期 $2l$ をもつとすれば，

$$f(x) = \frac{1}{2}a_0 + \sum_{n=1}^{\infty}\left\{a_n \cos\left(\frac{n\pi}{l}x\right) + b_n \sin\left(\frac{n\pi}{l}x\right)\right\} \quad (-l \leq x \leq l) \tag{8.1}$$

のように展開して書ける．ここで，a_n と b_n はフーリエ係数といい，

$$a_n = \frac{1}{l}\int_{-l}^{l} f(x)\cos\left(\frac{n\pi}{l}x\right) dx \tag{8.2}$$

$$b_n = \frac{1}{l}\int_{-l}^{l} f(x)\sin\left(\frac{n\pi}{l}x\right) dx \tag{8.3}$$

である．
　フーリエ級数展開 (8.1) の特別な場合として，以下の二つがある．

（ i ）　$f(x)$ が偶関数（$f(x) = f(-x)$）の場合：

$$f(x) = \frac{1}{2}a_0 + \sum_{n=1}^{\infty} a_n \cos\left(\frac{n\pi}{l}x\right) \tag{8.4}$$

これは**フーリエ余弦級数**とよばれ，フーリエ係数はつぎのようになる．

$$a_n = \frac{2}{l}\int_{0}^{l} f(x)\cos\left(\frac{n\pi}{l}x\right) dx \tag{8.5}$$

(ii) $f(x)$ が奇関数 ($f(x) = -f(-x)$) の場合:

$$f(x) = \sum_{n=1}^{\infty} b_n \sin\left(\frac{n\pi}{l}x\right) \tag{8.6}$$

これは**フーリエ正弦級数**とよばれ，フーリエ係数はつぎのようになる．

$$b_n = \frac{2}{l} \int_0^l f(x) \sin\left(\frac{n\pi}{l}x\right) dx \tag{8.7}$$

さて，変形する弾性体においては，応力関数 ϕ がつぎの重調和方程式を満足していなければならないことは，7章ですでに述べた．すなわち，

$$\frac{\partial^4 \phi}{\partial x_1^4} + 2\frac{\partial^4 \phi}{\partial x_1^2 \partial x_2^2} + \frac{\partial^4 \phi}{\partial x_2^4} = 0 \tag{8.8}$$

を満たさねばならない．ここで，ϕ は応力成分とつぎのようにして関係付けられる．

$$\sigma_{11} = \frac{\partial^2 \phi}{\partial x_2^2}, \quad \sigma_{22} = \frac{\partial^2 \phi}{\partial x_1^2}, \quad \sigma_{12} = -\frac{\partial^2 \phi}{\partial x_1 \partial x_2} \tag{8.9}$$

前章においては，この応力関数を多項式で表し，いくつかの初等的な問題について解いてきたが，ここでは応力関数としてフーリエ級数を用いる．それに先立ち，つぎのように，フーリエ余弦級数のうち第 n 項を応力関数においてみる．

$$\phi = \cos\left(\frac{n\pi}{l}x_1\right) \cdot f(x_2) \tag{8.10}$$

これは重調和方程式 (8.8) を満足していなければならない．よって，式 (8.10) を式 (8.8) に代入して，

$$\alpha^4 f(x_2) - 2\alpha^2 \frac{d^2 f(x_2)}{dx_2^2} + \frac{d^4 f(x_2)}{dx_2^4} = 0 \tag{8.11}$$

を得る．ここで，$\alpha = n\pi/l$ とおいた．この微分方程式の解を求めるために，$f(x_2) = \exp(\beta x_2)$ とおいて式 (8.11) に代入すると，

$$\beta^4 - 2\alpha^2 \beta^2 + \alpha^4 = 0$$

が得られ，これを解くと，

$$\beta = +\alpha, -\alpha$$

となることがわかる．よって，式 (8.11) の解は

$$f(x_2) = \exp(\alpha x_2),\ \exp(-\alpha x_2) \tag{8.12}$$

となる．ここで，これら $\exp(\alpha x_2)$ と $\exp(-\alpha x_2)$ は調和関数であり，演習問題 2-3 より，この解に加えて，つぎも解となることがわかる．

$$f(x_2) = x_2 \exp(\alpha x_2),\ x_2 \exp(-\alpha x_2) \tag{8.13}$$

これらはまた，以下のように双曲線関数を用いても表せる．

$$f(x_2) = \cosh(\alpha x_2),\ \sinh(\alpha x_2),\ x_2 \cosh(\alpha x_2),\ x_2 \sinh(\alpha x_2) \tag{8.14}$$

よって，式 (8.10) は

$$\begin{aligned}\phi = \cos(\alpha x_1) \cdot [&C_1 \cosh(\alpha x_2) + C_2 \sinh(\alpha x_2) \\ &+ C_3 x_2 \cosh(\alpha x_2) + C_4 x_2 \sinh(\alpha x_2)]\end{aligned} \tag{8.15}$$

となる．

式 (8.9) に式 (8.15) を代入することで，応力成分は以下のようになる．

$$\begin{aligned}\sigma_{11} = \cos(\alpha x_1) \cdot \big[&C_1 \alpha^2 \cosh(\alpha x_2) + C_2 \alpha^2 \sinh(\alpha x_2) \\ &+ C_3 \{\alpha^2 x_2 \cosh(\alpha x_2) + 2\alpha \sinh(\alpha x_2)\} \\ &+ C_4 \{\alpha^2 x_2 \sinh(\alpha x_2) + 2\alpha \cosh(\alpha x_2)\} \big] \\ \sigma_{22} = -\alpha^2 \cos(\alpha x_1) \cdot \big[&C_1 \cosh(\alpha x_2) + C_2 \sinh(\alpha x_2) \\ &+ C_3 x_2 \cosh(\alpha x_2) + C_4 x_2 \sinh(\alpha x_2) \big] \\ \sigma_{12} = \alpha \sin(\alpha x_1) \cdot \big[&C_1 \alpha \sinh(\alpha x_2) + C_2 \alpha \cosh(\alpha x_2) \\ &+ C_3 \{\cosh(\alpha x_2) + \alpha x_2 \sinh(\alpha x_2)\} \\ &+ C_4 \{\sinh(\alpha x_2) + \alpha x_2 \cosh(\alpha x_2)\} \big]\end{aligned} \tag{8.16}$$

以下に，フーリエ級数による，弾性力学の問題の解法例を見てみよう．

（1）解法例 1：周期的な分布荷重を受ける長方形板の問題

図 8.1 に示す，長さ $2l$，高さ $2c$，厚さ 1 の長方形板の上面と下面に，つぎのような表面力が作用している問題について考える．

$$-l \leq x_1 \leq l,\ x_2 = \pm c \text{ にて，} \sigma_{22} = -A\cos(\alpha x_1),\ \sigma_{12} = 0 \tag{8.17}$$

なお，図には長方形板の半分の領域が示されていることに注意してほしい．

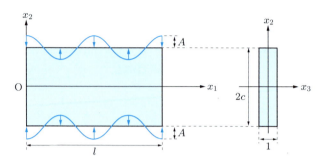

図 8.1 周期的な分布荷重を受ける長方形板の問題

式 (8.17) を式 (8.16) に代入すると，

$$\begin{cases} \alpha \sin(\alpha x_1) \cdot [C_1 \alpha \sinh(\alpha c) + C_2 \alpha \cosh(\alpha c) + C_3 \{\cosh(\alpha c) + \alpha c \sinh(\alpha c)\} \\ \qquad\qquad\qquad + C_4 \{\sinh(\alpha c) + \alpha c \cosh(\alpha c)\}] = 0 \\ \alpha \sin(\alpha x_1) \cdot [C_1 \alpha \sinh(-\alpha c) + C_2 \alpha \cosh(-\alpha c) + C_3 \{\cosh(-\alpha c) - \alpha c \sinh(-\alpha c)\} \\ \qquad\qquad\qquad + C_4 \{\sinh(-\alpha c) - \alpha c \cosh(-\alpha c)\}] = 0 \\ -\alpha^2 \cos(\alpha x_1) \cdot [C_1 \cosh(\alpha c) + C_2 \sinh(\alpha c) \\ \qquad\qquad + C_3 c \cosh(\alpha c) + C_4 c \sinh(\alpha c)] = -A\cos(\alpha x_1) \\ -\alpha^2 \cos(\alpha x_1) \cdot [C_1 \cosh(-\alpha c) + C_2 \sinh(-\alpha c) \\ \qquad\qquad - C_3 c \cosh(-\alpha c) - C_4 c \sinh(-\alpha c)] = -A\cos(\alpha x_1) \end{cases}$$

となり，この連立方程式を C_1, C_2, C_3, C_4 について解くと，

$$C_1 = \frac{2A}{\alpha^2} \frac{\sinh(\alpha c) + \alpha c \cosh(\alpha c)}{\sinh(2\alpha c) + 2\alpha c}, \quad C_2 = 0$$

$$C_3 = 0, \quad C_4 = -\frac{2A}{\alpha^2} \frac{\alpha \sinh(\alpha c)}{\sinh(2\alpha c) + 2\alpha c}$$

を得る．よって，周期的な分布荷重を受ける長方形に生じる応力分布は

$$\sigma_{11} = 2A \frac{\{-\sinh(\alpha c) + \alpha c \cosh(\alpha c)\}\cosh(\alpha x_2) - \alpha x_2 \sinh(\alpha c)\sinh(\alpha x_2)}{\sinh(2\alpha c) + 2\alpha c} \cos(\alpha x_1)$$

$$\sigma_{22} = -2A \frac{\{\sinh(\alpha c) + \alpha c \cosh(\alpha c)\}\cosh(\alpha x_2) - \alpha x_2 \sinh(\alpha c)\sinh(\alpha x_2)}{\sinh(2\alpha c) + 2\alpha c} \cos(\alpha x_1)$$

$$\sigma_{12} = 2A \frac{\alpha c \cosh(\alpha c)\sinh(\alpha x_2) - \alpha x_2 \sinh(\alpha c)\cosh(\alpha x_2)}{\sinh(2\alpha c) + 2\alpha c} \sin(\alpha x_1) \qquad (8.18)$$

となる．

（２）解法例２：一部で一定分布荷重を受ける長方形板の問題

つぎに，式 (8.18) を利用して，図 8.2 に示すような，表面の一部に一定の分布荷重を受ける問題を解いてみよう．

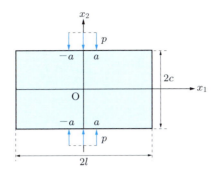

図 8.2 一部で一定分布荷重を受ける長方形板の問題

この問題の境界条件はつぎのようになる．

$$x_2 = \pm c \text{ にて，} \sigma_{22} = \begin{cases} -p & (|x_1| \leq a) \\ 0 & (a < |x_1| \leq l) \end{cases} \text{ および } \sigma_{12} = 0 \ (|x_1| \leq l) \quad (8.19)$$

これをフーリエ級数で表現するために，式 (8.18) に対し n に関して無限和をとる．これにより，応力成分 σ_{22} は

$$\sigma_{22} = -2 \sum_{n=1}^{\infty} A_n F_n(x_2) \cos(\alpha_n x_1)$$

となる．ここで，

$$F_n(x_2) = \frac{\{\sinh(\alpha_n c) + \alpha_n c \cosh(\alpha_n c)\} \cosh(\alpha_n x_2) - \alpha_n x_2 \sinh(\alpha_n c) \sinh(\alpha_n x_2)}{\sinh(2\alpha_n c) + 2\alpha_n c}$$

とおいた．また，$\alpha_n = n\pi/l$ であり，下添字 n を付けることでほかの項と区別できるようにした．ところで，この応力成分はゼロを中心に周期的に変化している場合しか表せない．そこで，応力成分をつぎのように全体的に $(1/2)A_0$ だけシフトさせておく．これにより，任意の応力分布を扱えるようになる．

$$\sigma_{22} = \frac{1}{2} A_0 - 2 \sum_{n=1}^{\infty} A_n F_n(x_2) \cos(\alpha_n x_1) \quad (8.20)$$

つぎに，この無限級数に含まれる未定係数 $A_n (n = 0, 1, \ldots)$ を求める．このために，両辺を $0 \leq x_1 \leq l$ で積分する．すると，

$$\int_0^l \sigma_{22}\,dx_1 = \int_0^l \frac{1}{2}A_0\,dx_1 - 2\sum_{n=1}^{\infty} A_n F_n(c) \int_0^l \cos(\alpha_n x_1)dx_1 \tag{8.21}$$

となる．ここで，$F_n(c)$ は計算できて，$F_n(c) = 1/2$ である．式 (8.21) の左辺の積分に対して境界条件 (8.19) を代入して

$$\int_0^a (-p)\,dx_1 = \int_0^l \frac{1}{2}A_0\,dx_1 - \sum_{n=1}^{\infty} A_n \int_0^l \cos(\alpha_n x_1)dx_1$$

となり，これを計算すると，

$$A_0 = -\frac{2pa}{l}$$

を得る．つぎに，式 (8.20) の両辺に $\cos(\alpha_n x_1)$ を掛けて，$0 \leq x_1 \leq l$ で積分すると，

$$\int_0^l \sigma_{22}\cos(\alpha_n x_1)dx_1 = \int_0^l \frac{1}{2}A_0 \cos(\alpha_n x_1)dx_1$$
$$- \sum_{n=1}^{\infty} A_n \int_0^l \cos(\alpha_n x_1)\cos(\alpha_n x_1)dx_1$$

となり，左辺の積分に注意して計算すると，

$$-p\frac{l}{n\pi}\sin(\alpha_n a) = -A_n \frac{1}{2}l$$

となる．これを A_n について解くと，

$$A_n = \frac{2p}{n\pi}\sin(\alpha_n a)$$

を得る．

以上により，一部で一定分布荷重を受ける長方形に生じる応力分布は

$$\sigma_{22} = -\frac{pa}{l} - 4\frac{p}{\pi}\sum_{n=1}^{\infty} \frac{\sin(\alpha_n a)}{n} F_n(x_2)\cos(\alpha_n x_1) \tag{8.22}$$

となる．

8.2　フーリエ積分による数学的解法

再び，つぎのフーリエ級数 (8.1) に戻る．

$$f(x) = \frac{1}{2}a_0 + \sum_{n=1}^{\infty}\left\{a_n \cos\left(\frac{n\pi}{l}x\right) + b_n \sin\left(\frac{n\pi}{l}x\right)\right\} \quad (-l \leq x \leq l)$$

ここで，フーリエ係数 a_n と b_n においては，以下のように，変数 x と区別するために積分変数を ξ とする．

$$a_n = \frac{1}{l}\int_{-l}^{l} f(\xi)\cos\left(\frac{n\pi}{l}\xi\right)d\xi, \quad b_n = \frac{1}{l}\int_{-l}^{l} f(\xi)\sin\left(\frac{n\pi}{l}\xi\right)d\xi$$

この式は，対象となる関数 $f(x)$ の範囲が有限区間 $-l \leq x \leq l$ であるときに有効であった．すなわち，先の例で取り扱ったように，長さ $2l$ の長方形板の問題を解くためにフーリエ級数を応力関数として用いるのには適切であった．これに対して，無限長さの板の問題 $(-\infty < x < \infty)$ には，以下に説明する**フーリエ積分** (Fourier integral) を応力関数として用いるとよい．そこで，ここでは，フーリエ積分とそれによる数学的解法について説明することにする．

まず，式 (8.1) にフーリエ係数を代入する．

$$f(x) = \frac{1}{2l}\int_{-l}^{l} f(\xi)\,d\xi$$
$$+ \frac{1}{l}\sum_{n=1}^{\infty}\left\{\cos\left(\frac{n\pi}{l}x\right)\int_{-l}^{l} f(\xi)\cos\left(\frac{n\pi}{l}\xi\right)d\xi + \sin\left(\frac{n\pi}{l}x\right)\int_{-l}^{l} f(\xi)\sin\left(\frac{n\pi}{l}\xi\right)d\xi\right\}$$

ここで，

$$\lambda_n = \frac{n\pi}{l}, \quad \Delta\lambda = \lambda_{n+1} - \lambda_n = \frac{\pi}{l}$$

とおくと，この式はつぎのようになる．

$$f(x) = \frac{1}{2l}\int_{-l}^{l} f(\xi)\,d\xi$$
$$+ \frac{1}{\pi}\sum_{n=1}^{\infty}\Delta\lambda\left\{\cos(\lambda_n x)\int_{-l}^{l} f(\xi)\cos(\lambda_n\xi)\,d\xi + \sin(\lambda_n x)\int_{-l}^{l} f(\xi)\sin(\lambda_n\xi)\,d\xi\right\}$$

つぎに，$l \to \infty$ の極限をとる．すると，詳しい数学的な証明は省くが，フーリエ積分で扱う関数では，右辺第 1 項はゼロになり，

$$f(x) = \lim_{l\to\infty}\frac{1}{\pi}\sum_{n=1}^{\infty}\Delta\lambda\left\{\cos(\lambda_n x)\int_{-l}^{l} f(\xi)\cos(\lambda_n\xi)\,d\xi + \sin(\lambda_n x)\int_{-l}^{l} f(\xi)\sin(\lambda_n\xi)\,d\xi\right\}$$

を得る．また，極限操作 $l \to \infty$ は $\Delta\lambda \to 0$ を意味し，

$$\lim_{\Delta\lambda \to 0} \sum_{n=1}^{\infty} \Delta\lambda\, F(\lambda_n) \to \int_0^{\infty} d\lambda\, F(\lambda)$$

となることに注意すると,

$$f(x) = \frac{1}{\pi} \int_0^{\infty} \left\{ \cos(\lambda x) \int_{-\infty}^{\infty} f(\xi)\cos(\lambda\xi)\, d\xi + \sin(\lambda x) \int_{-\infty}^{\infty} f(\xi)\sin(\lambda\xi)\, d\xi \right\} d\lambda$$

となる．これはつぎのように書くことができる．

$$f(x) = \int_0^{\infty} \{A(\lambda)\cos(\lambda x) + B(\lambda)\sin(\lambda x)\}\, d\lambda \tag{8.23}$$

$$A(\lambda) = \frac{1}{\pi} \int_{-\infty}^{\infty} f(\xi)\cos(\lambda\xi)\, d\xi, \quad B(\lambda) = \frac{1}{\pi} \int_{-\infty}^{\infty} f(\xi)\sin(\lambda\xi)\, d\xi \tag{8.24}$$

これを**フーリエ積分**という．

特別な場合として，以下の二つがある．

（ⅰ） $f(x)$ が偶関数の場合：$B(\lambda) = 0$ とおけば，

$$f(x) = \int_0^{\infty} A(\lambda)\cos(\lambda x)\, d\lambda \tag{8.25}$$

$$A(\lambda) = \frac{2}{\pi} \int_0^{\infty} f(\xi)\cos(\lambda\xi)\, d\xi \tag{8.26}$$

であり，これを**フーリエ余弦積分**という．

（ⅱ） $f(x)$ が奇関数の場合：$A(\lambda) = 0$ とおけば，

$$f(x) = \int_0^{\infty} B(\lambda)\sin(\lambda x)\, d\lambda \tag{8.27}$$

$$B(\lambda) = \frac{2}{\pi} \int_0^{\infty} f(\xi)\sin(\lambda\xi)\, d\xi \tag{8.28}$$

であり，これを**フーリエ正弦積分**という．

これでフーリエ積分による数学的解法に必要な式が揃った．ここでは簡単のために，応力分布が座標軸に対称な問題，すなわち軸対称問題について考えてみる．軸対称問題では，$f(x) = f(-x)$ であるから，フーリエ余弦積分式 (8.25) を用いればよい．

$$f(x) = \int_0^{\infty} A(\lambda)\cos(\lambda x)\, d\lambda$$

この式において，$f(x) \to \phi(x_1, x_2)$, $x \to x_1$, $A(\lambda) \to A(\lambda, x_2)$ と置き換える．

$$\phi(x_1, x_2) = \int_0^\infty A(\lambda, x_2) \cos(\lambda x_1) d\lambda \tag{8.29}$$

この関数 $\phi(x_1, x_2)$ が応力関数であるためには，重調和方程式を満足していなければならない．ただし，これについてはすでにフーリエ級数において計算しているため，ここでは，その結果を利用する．式 (8.12) と式 (8.13) の結果から，

$$A(\lambda, x_2) = \exp(+\lambda x_2),\ \exp(-\lambda x_2),\ x_2 \exp(+\lambda x_2),\ x_2 \exp(-\lambda x_2) \tag{8.30}$$

あるいは，双曲線関数を用いて，

$$A(\lambda, x_2) = \cosh(\lambda x_2),\ \sinh(\lambda x_2),\ x_2 \cosh(\lambda x_2),\ x_2 \sinh(\lambda x_2) \tag{8.31}$$

である．

応力関数を指数関数で表せば，

$$\phi = \int_0^\infty \left\{ C_1(\lambda) \exp(\lambda x_2) + C_2(\lambda) \exp(-\lambda x_2) \right.$$
$$\left. + C_3(\lambda) x_2 \exp(\lambda x_2) + C_4(\lambda) x_2 \exp(-\lambda x_2) \right\} \cos(\lambda x_1) d\lambda \tag{8.32}$$

で表される．これがフーリエ積分により表現された応力関数となる．また，この応力関数に対する応力成分は，演習問題 7-4 (3) から，

$$\begin{cases} \sigma_{11} = \int_0^\infty \lambda \left\{ C_1 \lambda \exp(\lambda x_2) + C_2 \lambda \exp(-\lambda x_2) \right. \\ \qquad\qquad \left. + C_3 (2 + \lambda x_2) \exp(\lambda x_2) - C_4 (2 - \lambda x_2) \exp(-\lambda x_2) \right\} \cos(\lambda x_1) d\lambda \\ \sigma_{22} = -\int_0^\infty \lambda^2 \left\{ C_1 \exp(\lambda x_2) + C_2 \exp(-\lambda x_2) \right. \\ \qquad\qquad \left. + C_3 x_2 \exp(\lambda x_2) + C_4 x_2 \exp(-\lambda x_2) \right\} \cos(\lambda x_1) d\lambda \\ \sigma_{12} = \int_0^\infty \lambda \left\{ C_1 \lambda \exp(\lambda x_2) - C_2 \lambda \exp(-\lambda x_2) \right. \\ \qquad\qquad \left. + C_3 (1 + \lambda x_2) \exp(\lambda x_2) + C_4 (1 - \lambda x_2) \exp(-\lambda x_2) \right\} \sin(\lambda x_1) d\lambda \end{cases} \tag{8.33}$$

である．

ここでは，フーリエ積分による応力関数の具体例として，図 8.3 に示すような，一部で一定分布荷重を受ける半無限体の問題について考えてみよう．この問題の境界条件はつぎのようになる．

$$\begin{cases} \sigma_{22} = \begin{cases} -p & (|x_1| \leq c,\ x_2 = 0) \\ 0 & (|x_1| > c,\ x_2 = 0) \end{cases} \\ \sigma_{12} = 0 \quad (|x_1| \leq \infty,\ x_2 = 0) \end{cases} \quad (8.34)$$

$$\sigma_{ij} \to 0 \quad (|x_1| \to \infty,\ x_2 \to -\infty) \quad (8.35)$$

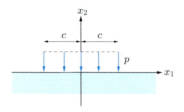

図 8.3 一部で一定分布荷重を受ける半無限体の問題

境界条件 (8.35) をあらかじめ満足させるためには，式 (8.33) において $\exp(-\lambda x_2)$ の項がゼロでなければならない．つまり，$C_2 = C_4 = 0$ であり，よって，応力成分は，

$$\begin{cases} \sigma_{11} = \int_0^\infty \lambda \{C_1 \lambda + C_3 (2 + \lambda x_2)\} \exp(\lambda x_2) \cos(\lambda x_1) d\lambda \\ \sigma_{22} = -\int_0^\infty \lambda^2 \{C_1 + C_3 x_2\} \exp(\lambda x_2) \cos(\lambda x_1) d\lambda \\ \sigma_{12} = \int_0^\infty \lambda \{C_1 \lambda + C_3 (1 + \lambda x_2)\} \exp(\lambda x_2) \sin(\lambda x_1) d\lambda \end{cases} \quad (8.36)$$

となる．

つぎに，境界条件におけるせん断応力に関する条件を式 (8.36) に代入し，

$$C_1 \lambda + C_3 = 0 \quad \Rightarrow \quad C_3 = -\lambda C_1$$

が得られ，これを式 (8.36) の垂直応力成分 σ_{22} に代入して整理すると，

$$\sigma_{22} = -\int_0^\infty (1 - \lambda x_2) \lambda^2 C_1 \exp(\lambda x_2) \cos(\lambda x_1) d\lambda \quad (8.37)$$

を得る．これに $x_2 = 0$ を代入することで，半無限体表面に作用する垂直応力がつぎのように得られる．

$$\sigma_{22} = -\int_0^\infty \lambda^2 C_1 \cos(\lambda x_1) d\lambda \quad (8.38)$$

ここで，C_1 を決めるために，式 (8.25) と式 (8.26) の関係を利用する．すなわち，

と置き換えて，式 (8.26) に対応する式として，

$$f(x) \to \sigma_{22}, \quad A(\lambda) \to -\lambda^2 C_1$$

$$-\lambda^2 C_1 = \frac{2}{\pi} \int_0^\infty \sigma_{22} \cos(\lambda \xi)\, d\xi$$

を得る．境界条件における垂直応力式 (8.34) により，

$$-\lambda^2 C_1 = \frac{2}{\pi} \int_0^c (-p) \cos(\lambda \xi)\, d\xi$$

となり，これにより係数 C_1 が求められる．

$$C_1 = \frac{2p}{\pi} \frac{\sin(\lambda c)}{\lambda^3} \tag{8.39}$$

以下，垂直応力 σ_{22} のみに限って計算する．ほかの応力成分についても同様に行えばよい．式 (8.39) と $C_3 = -\lambda C_1$ を式 (8.36) に代入する．

$$\sigma_{22} = -\frac{2p}{\pi}\left[\int_0^\infty \frac{\exp(\lambda x_2)\sin(\lambda c)\cos(\lambda x_1)}{\lambda} d\lambda - x_2 \int_0^\infty \exp(\lambda x_2)\sin(\lambda c)\cos(\lambda x_1) d\lambda\right]$$

[ ] 内の積分はそれぞれ，つぎのように変形できる．

$$\int_0^\infty \frac{\exp(\lambda x_2)\sin(\lambda c)\cos(\lambda x_1)}{\lambda} d\lambda$$
$$= \frac{1}{2}\left\{\int_0^\infty \frac{\exp(\lambda x_2)\sin(\lambda(c+x_1))}{\lambda} d\lambda + \int_0^\infty \frac{\exp(\lambda x_2)\sin(\lambda(c-x_1))}{\lambda} d\lambda\right\}$$

$$\int_0^\infty \exp(\lambda x_2)\sin(\lambda c)\cos(\lambda x_1) d\lambda$$
$$= \frac{1}{2}\left\{\int_0^\infty \exp(\lambda x_2)\sin(\lambda(c+x_1)) d\lambda + \int_0^\infty \exp(\lambda x_2)\sin(\lambda(c-x_1)) d\lambda\right\}$$

これらの右辺は，以下の積分公式により計算される．

$$\int_0^\infty \exp(ax) \frac{\sin(bx)}{x} dx = -\tan^{-1}\left(\frac{b}{a}\right) \tag{8.40}$$

$$\int_0^\infty \exp(ax)\cos(bx)\, dx = \frac{-a}{a^2+b^2}, \quad \int_0^\infty \exp(ax)\sin(bx)\, dx = \frac{b}{a^2+b^2} \tag{8.41}$$

よって，積分結果は各項それぞれ

$$\int_0^\infty \frac{\exp(\lambda x_2)\sin(\lambda c)\cos(\lambda x_1)}{\lambda} d\lambda = \frac{1}{2}\left\{-\tan^{-1}\left(\frac{c+x_1}{x_2}\right) - \tan^{-1}\left(\frac{c-x_1}{x_2}\right)\right\}$$

$$\int_0^\infty \exp(\lambda x_2)\sin(\lambda c)\cos(\lambda x_1) d\lambda = \frac{1}{2}\left\{\frac{c+x_1}{x_2^2+(c+x_1)^2} + \frac{c-x_1}{x_2^2+(c-x_1)^2}\right\}$$

となる.最終的に,一部分に一定分布荷重を受ける半無限体における垂直応力は

$$\sigma_{22} = \frac{p}{\pi}\left[\tan^{-1}\left(\frac{c+x_1}{x_2}\right) + \tan^{-1}\left(\frac{c-x_1}{x_2}\right)\right.$$
$$\left. + x_2\left\{\frac{c+x_1}{x_2^2+(c+x_1)^2} + \frac{c-x_1}{x_2^2+(c-x_1)^2}\right\}\right] \tag{8.42}$$

となる.この垂直応力分布を図示すると,図 8.4 のようになる.このことから,表面から遠ざかるにつれて垂直応力が緩やかに変化することがわかる.このことはまた,サンブナンの原理の正しさを示している.

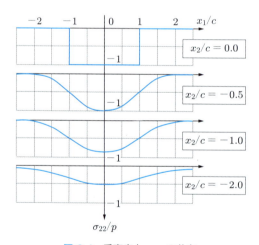

図 8.4　垂直応力 σ_{22} の分布

原点に集中荷重 P を受ける半無限体の問題の解は,先の問題の解を利用すれば簡単に得られる.$P = 2cp$ とおき,$P =$ 一定のもとで $c \to 0$ とおけばよいから,式 (8.39) は

$$C_1 = \frac{P}{\pi\lambda^2}$$

となる.よって,応力成分はつぎのようになる.

$$\begin{cases} \sigma_{11} = \dfrac{2P}{\pi} \dfrac{x_1^2 x_2}{(x_1^2 + x_2^2)^2} \\ \sigma_{22} = \dfrac{2P}{\pi} \dfrac{x_2^3}{(x_1^2 + x_2^2)^2} \\ \sigma_{12} = \dfrac{2P}{\pi} \dfrac{x_1 x_2^2}{(x_1^2 + x_2^2)^2} \end{cases} \quad (8.43)$$

なお，以下の公式を用いた．

$$\int_0^\infty \exp(\lambda x_2)\cos(\lambda x_1)d\lambda = \frac{-x_2}{x_2^2+x_1^2}, \quad \int_0^\infty \lambda\exp(\lambda x_2)\cos(\lambda x_1)d\lambda = \frac{x_2^2-x_1^2}{(x_2^2+x_1^2)^2}$$

$$\int_0^\infty \exp(\lambda x_2)\sin(\lambda x_1)d\lambda = \frac{x_1}{x_2^2+x_1^2}, \quad \int_0^\infty \lambda\exp(\lambda x_2)\sin(\lambda x_1)d\lambda = \frac{-2x_1 x_2}{(x_2^2+x_1^2)^2}$$
$$(8.44)$$

8.3 集中荷重解による任意分布荷重を受ける半無限体の解法

半無限体の表面がつぎのような任意分布荷重を受けている問題に対しても，フーリエ積分による数学的解法を利用すれば，解が得られる．

$$q(x_1) = \begin{cases} f(x_1) & (-b \leq x_1 \leq a) \\ 0 & (x_1 < -b,\ a < x_1) \end{cases} \quad (8.45)$$

しかし，数学的取り扱いが煩雑となる．そこで，集中荷重解の式 (8.43) を利用し，重ね合せの原理により，比較的簡単に本問題を解いてみる．

図 8.5 に示すように，原点から $x_1 = \xi$ にある幅 $d\xi$ の微小領域に集中荷重 $P = q(\xi)d\xi$ が作用するとき，式 (8.43) はつぎのようになる．

$$\begin{cases} \sigma_{11} = \dfrac{2q(\xi)\,d\xi}{\pi} \dfrac{(x_1-\xi)^2 x_2}{\left\{(x_1-\xi)^2 + x_2^2\right\}^2} \\ \sigma_{22} = \dfrac{2q(\xi)\,d\xi}{\pi} \dfrac{x_2^3}{\left\{(x_1-\xi)^2 + x_2^2\right\}^2} \\ \sigma_{12} = \dfrac{2q(\xi)\,d\xi}{\pi} \dfrac{(x_1-\xi) x_2^2}{\left\{(x_1-\xi)^2 + x_2^2\right\}^2} \end{cases}$$

重ね合せの原理により，集中荷重を $-\infty$ から ∞ に連続的に作用させるために，これらの和をとる．

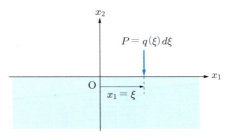

図 8.5　任意位置に作用する集中荷重

$$\begin{cases} \sigma_{11} = \displaystyle\int_{-\infty}^{\infty} \dfrac{2q(\xi)}{\pi} \dfrac{(x_1-\xi)^2 x_2}{\{(x_1-\xi)^2+x_2^2\}^2} d\xi \\ \sigma_{22} = \displaystyle\int_{-\infty}^{\infty} \dfrac{2q(\xi)}{\pi} \dfrac{x_2^3}{\{(x_1-\xi)^2+x_2^2\}^2} d\xi \\ \sigma_{12} = \displaystyle\int_{-\infty}^{\infty} \dfrac{2q(\xi)}{\pi} \dfrac{(x_1-\xi) x_2^2}{\{(x_1-\xi)^2+x_2^2\}^2} d\xi \end{cases} \quad (8.46)$$

たとえば，ここで問題にしている任意分布荷重 (8.45) が作用する場合には，

$$\begin{cases} \sigma_{11} = \displaystyle\int_{-b}^{a} \dfrac{2f(\xi)}{\pi} \dfrac{(x_1-\xi)^2 x_2}{\{(x_1-\xi)^2+x_2^2\}^2} d\xi \\ \sigma_{22} = \displaystyle\int_{-b}^{a} \dfrac{2f(\xi)}{\pi} \dfrac{x_2^3}{\{(x_1-\xi)^2+x_2^2\}^2} d\xi \\ \sigma_{12} = \displaystyle\int_{-b}^{a} \dfrac{2f(\xi)}{\pi} \dfrac{(x_1-\xi) x_2^2}{\{(x_1-\xi)^2+x_2^2\}^2} d\xi \end{cases}$$

となる．

具体例として，つぎの一定分布荷重の問題について考えてみる．

$$q(x_1) = \begin{cases} p & (|x_1| \leq c) \\ 0 & (|x_1| > c) \end{cases}$$

ここでは，応力成分 σ_{22} のみ計算する．

$$\sigma_{22} = \int_{-c}^{c} \dfrac{2p}{\pi} \dfrac{x_2^3}{\{(x_1-\xi)^2+x_2^2\}^2} d\xi$$

であり，この積分を計算するために，公式

$$\int \dfrac{dx}{(x^2+c)^2} = \dfrac{1}{2c}\left\{\dfrac{x}{x^2+c} + \dfrac{1}{\sqrt{c}}\tan^{-1}\left(\dfrac{x}{\sqrt{c}}\right)\right\}$$

を利用すると，

$$\sigma_{22} = \frac{p}{\pi}\left[\tan^{-1}\left(\frac{c+x_1}{x_2}\right)+\tan^{-1}\left(\frac{c-x_1}{x_2}\right)+x_2\left\{\frac{c+x_1}{x_2^2+(c+x_1)^2}+\frac{c-x_1}{x_2^2+(c-x_1)^2}\right\}\right]$$

となり，これは式 (8.42) に一致している．

8章のまとめ

- フーリエ級数

$$f(x) = \frac{1}{2}a_0 + \sum_{n=1}^{\infty}\left\{a_n\cos\left(\frac{n\pi}{l}x\right)+b_n\sin\left(\frac{n\pi}{l}x\right)\right\} \quad (-l \leq x \leq l)$$

$$a_n = \frac{1}{l}\int_{-l}^{l}f(x)\cos\left(\frac{n\pi}{l}x\right)dx, \quad b_n = \frac{1}{l}\int_{-l}^{l}f(x)\sin\left(\frac{n\pi}{l}x\right)dx$$

- フーリエ積分

$$f(x) = \frac{1}{\pi}\int_0^{\infty}\{A(\lambda)\cos(\lambda x)+B(\lambda)\sin(\lambda x)\}d\lambda$$

$$A(\lambda) = \int_{-\infty}^{\infty}f(\xi)\cos(\lambda\xi)d\xi, \quad B(\lambda) = \int_{-\infty}^{\infty}f(\xi)\sin(\lambda\xi)d\xi$$

- フーリエ積分による応力関数の表現（軸対称問題の場合）

$$\phi = \int_0^{\infty}\{C_1(\lambda)\exp(\lambda x_2)+C_2(\lambda)\exp(-\lambda x_2)$$
$$+C_3(\lambda)x_2\exp(\lambda x_2)+C_4(\lambda)x_2\exp(-\lambda x_2)\}\cos(\lambda x_1)\,d\lambda$$

- フーリエ積分による応力成分の表現（軸対称問題の場合）

$$\begin{cases}
\sigma_{11} = \displaystyle\int_0^{\infty}\lambda\{C_1\lambda\exp(\lambda x_2)+C_2\lambda\exp(-\lambda x_2) \\
\qquad\qquad +C_3(2+\lambda x_2)\exp(\lambda x_2)-C_4(2-\lambda x_2)\exp(-\lambda x_2)\}\cos(\lambda x_1)d\lambda \\
\sigma_{22} = -\displaystyle\int_0^{\infty}\lambda^2\{C_1\exp(\lambda x_2)+C_2\exp(-\lambda x_2) \\
\qquad\qquad +C_3 x_2\exp(\lambda x_2)+C_4 x_2\exp(-\lambda x_2)\}\cos(\lambda x_1)d\lambda \\
\sigma_{12} = \displaystyle\int_0^{\infty}\lambda\{C_1\lambda\exp(\lambda x_2)-C_2\lambda\exp(-\lambda x_2) \\
\qquad\qquad +C_3(1+\lambda x_2)\exp(\lambda x_2)+C_4(1-\lambda x_2)\exp(-\lambda x_2)\}\sin(\lambda x_1)d\lambda
\end{cases}$$

演習問題

8–1 フーリエ級数で表された応力関数に対する応力成分の式 (8.16) を導け．

8–2 図 8.6 に示すような，幅 $2l$，長さ $2c$ の長方形板の上面と下面に集中荷重 P を作用させた．集中荷重が作用する線に垂直な仮想切断面に生じる垂直応力分布を求めよ．なお，$l/c \ll 1$ とし，仮想切断面は集中荷重が作用している面に近い箇所にとるものとする．また，長方形板の軸方向中央面上の垂直応力分布を調べることで，サンブナンの原理が成り立っていることも示せ．

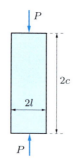

図 8.6 集中荷重を受ける細長い板

8–3 フーリエ積分で表された応力関数に対する応力成分の式 (8.33) を導け．

8–4 式 (8.42) のその他の応力成分を計算せよ．

8–5 つぎのような集中荷重 P を表面 ($x_2 = 0$) で受ける半無限体の応力成分を式 (8.36) から求めよ．

$$\begin{cases} \sigma_{22} = -P\delta(x_1) \\ \sigma_{12} = 0 \end{cases}$$

ここで，$\delta(x_1)$ は**ディラックのデルタ関数** (Dirac's delta function) であり，つぎのような性質をもつ超越関数である．

$$\delta(x_1) = \begin{cases} \infty & (x_1 = 0) \\ 0 & (x_1 \neq 0) \end{cases}$$

$$\int_{-\infty}^{\infty} \delta(x_1 - \xi) f(x_1)\, dx_1 = f(\xi), \quad \text{とくに，} \int_{-\infty}^{\infty} \delta(x_1)\, dx_1 = 1$$

なお，本問においては，つぎの公式を用いよ．

$$\int_0^{\infty} \delta(\xi) \cos(\lambda \xi)\, d\xi = \frac{1}{2} \int_{-\infty}^{\infty} \delta(\xi) \cos(\lambda \xi)\, d\xi = \frac{1}{2}$$

9 2次元軸対称問題の基礎式

取り扱われる問題が円板形状の場合には，これまでに説明してきた直角座標系 (x_1, x_2) よりも，極座標系 (r, θ) を用いたほうが都合がよい．そこで本章では，極座標系における応力の平衡方程式，変位の基礎方程式について説明する．

9.1 軸対称問題でのひずみ成分と変位成分の関係

これまでの章では，すべて直角座標系のもとで問題を解いてきた．このときに対象とされた問題は，物体の境界面が直線状，すなわち平板や半無限体に限られていた．ここでは，境界面の形状が曲面，とくに円板形状の問題について取り扱う．

円板形状の問題に対しては，境界面の形状を考慮して，極座標系 (r, θ) のもとで問題を解くと便利である．図 9.1 に示す微小要素に注目すると，その要素の各面に作用する応力成分は，半径方向に垂直な面上に作用する応力成分 σ_{rr}，$\sigma_{r\theta}$ と，周方向に垂直な面上に作用する応力成分 $\sigma_{\theta\theta}$，$\sigma_{\theta r}$ である．ここで，応力成分の対称性により $\sigma_{r\theta} = \sigma_{\theta r}$ であることに注意しよう．工学上，$\sigma_{\theta\theta}$ は**フープ応力** (hoop stress) ともよばれることがある．

ここでは，**軸対称問題** (axisymmetric problem) に限定して説明する．軸対称問題には，中空円板，中実円板が半径方向に一様に変形する，あるいは一定の圧力を受けているような問題がある．このような問題では，円板形状が一様に半径方向に膨張あ

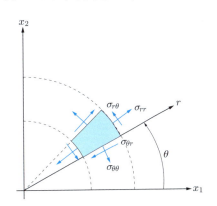

図 9.1 極座標系における応力成分の表示

るいは収縮するために，応力成分 $\sigma_{rr}, \sigma_{\theta\theta}$ は中心から遠ざかるにつれて変化し，また，その遠ざかり方は周方向に対しては一様に変化していく．これらのことから，軸対称問題における応力成分は，半径 r のみの関数とみなせる．

$$\sigma_{rr}(r,\theta) \to \sigma_{rr}(r), \quad \sigma_{\theta\theta}(r,\theta) \to \sigma_{\theta\theta}(r)$$

一方，円板形状は一様に変形し，ゆがまないために，せん断応力成分は発生しない．よって，

$$\sigma_{r\theta}(r,\theta) = \sigma_{\theta r}(r,\theta) \to 0$$

としてよい．これに対応するようにして，ひずみ成分もつぎのようになる．

$$\varepsilon_{rr}(r,\theta) \to \varepsilon_{rr}(r), \quad \varepsilon_{\theta\theta}(r,\theta) \to \varepsilon_{\theta\theta}(r), \quad \gamma_{r\theta}(r,\theta) = \gamma_{\theta r}(r,\theta) \to 0$$

つぎに，変位成分とひずみ成分の関係を求める．変位は半径方向に一様に変化することから，$u = u(r)$ と書ける．すると，図 9.2 に示す微小要素の変形に従い，

$$\varepsilon_{rr} = \frac{\overline{A'C'} - \overline{AC}}{\overline{AC}} = \frac{(u + \Delta u) - u}{\Delta r} = \frac{\Delta u}{\Delta r}$$

$$\varepsilon_{\theta\theta} = \frac{\widehat{A'B'} - \widehat{AB}}{\widehat{AB}} = \frac{(r+u)\Delta\theta - r\Delta\theta}{r\Delta\theta} = \frac{u}{r}$$

となり，これに対して極限をとると，つぎのようになる．

$$\varepsilon_{rr} = \frac{du}{dr}, \quad \varepsilon_{\theta\theta} = \frac{u}{r}, \quad \gamma_{r\theta} = 0 \tag{9.1}$$

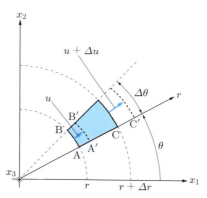

図 9.2　極座標系における軸対称問題に対するひずみ成分の求め方

9.2 軸対称問題でのフックの法則

円柱座標系 (r, θ, x_3) に対するフックの法則は

$$\begin{cases} \varepsilon_{rr} = \dfrac{1}{E}\left\{\sigma_{rr} - \nu\left(\sigma_{\theta\theta} + \sigma_{33}\right)\right\} \\ \varepsilon_{\theta\theta} = \dfrac{1}{E}\left\{\sigma_{\theta\theta} - \nu\left(\sigma_{rr} + \sigma_{33}\right)\right\} \\ \varepsilon_{33} = \dfrac{1}{E}\left\{\sigma_{33} - \nu\left(\sigma_{rr} + \sigma_{\theta\theta}\right)\right\} \end{cases} \quad (9.2)$$

である．なお，平面応力問題 $(\sigma_{33}=0)$ に対するフックの法則は，極座標系において，

$$\begin{cases} \varepsilon_{rr} = \dfrac{1}{E}\left(\sigma_{rr} - \nu\sigma_{\theta\theta}\right) \\ \varepsilon_{\theta\theta} = \dfrac{1}{E}\left(\sigma_{\theta\theta} - \nu\sigma_{rr}\right) \end{cases} \quad (9.3)$$

となり，応力成分について解くと，つぎのようになる．

$$\begin{cases} \sigma_{rr} = \dfrac{E}{1+\nu}\left\{\varepsilon_{rr} + \dfrac{\nu}{1-\nu}\left(\varepsilon_{rr} + \varepsilon_{\theta\theta}\right)\right\} \\ \sigma_{\theta\theta} = \dfrac{E}{1+\nu}\left\{\varepsilon_{\theta\theta} + \dfrac{\nu}{1-\nu}\left(\varepsilon_{rr} + \varepsilon_{\theta\theta}\right)\right\} \end{cases} \quad (9.4)$$

平面ひずみ問題に対するフックの法則は，式 (9.2) で $\varepsilon_{33}=0$ より，

$$\varepsilon_{33} = \dfrac{1}{E}\left\{\sigma_{33} - \nu\left(\sigma_{rr} + \sigma_{\theta\theta}\right)\right\} = 0$$

であるから，

$$\sigma_{33} = \nu\left(\sigma_{rr} + \sigma_{\theta\theta}\right) \quad (9.5)$$

となる．これを式 (9.2) に代入し，整理すると，

$$\begin{cases} \varepsilon_{rr} = \dfrac{1+\nu}{E}\left\{(1-\nu)\sigma_{rr} - \nu\sigma_{\theta\theta}\right\} \\ \varepsilon_{\theta\theta} = \dfrac{1+\nu}{E}\left\{(1-\nu)\sigma_{\theta\theta} - \nu\sigma_{rr}\right\} \end{cases} \quad (9.6)$$

となり，これが平面ひずみ問題に対するフックの法則となる．応力成分について解くと，つぎのようになる．

$$\begin{cases} \sigma_{rr} = \dfrac{E}{1+\nu}\left\{\varepsilon_{rr} + \dfrac{\nu}{1-2\nu}(\varepsilon_{rr}+\varepsilon_{\theta\theta})\right\} \\ \sigma_{\theta\theta} = \dfrac{E}{1+\nu}\left\{\varepsilon_{\theta\theta} + \dfrac{\nu}{1-2\nu}(\varepsilon_{rr}+\varepsilon_{\theta\theta})\right\} \end{cases} \quad (9.7)$$

9.3 軸対称問題での応力の平衡方程式

軸対称問題の場合，図 9.3 に示すような微小要素においては，応力成分 σ_{rr} のみが半径方向に対して変化する．このことと $\sigma_{\theta\theta}$ からの半径方向への寄与より，半径方向に対する力のつり合いの式は

$$\sum R = (\sigma_{rr}+\Delta\sigma_{rr})(r+\Delta r)\Delta\theta - \sigma_{rr} r \Delta\theta$$
$$- \sigma_{\theta\theta}\Delta r \sin\left(\dfrac{\Delta\theta}{2}\right) - \sigma_{\theta\theta}\Delta r \sin\left(\dfrac{\Delta\theta}{2}\right) + Fr\Delta\theta\Delta r = 0 \quad (9.8)$$

となる．ここで，F は体積力であり，厚さを 1 としている．

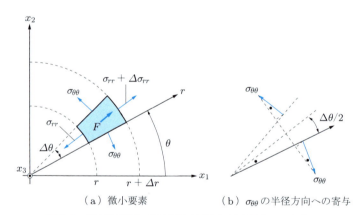

(a) 微小要素 (b) $\sigma_{\theta\theta}$ の半径方向への寄与

図 9.3 軸対称問題における微小要素に対する力のつり合い

式 (9.8) に，$\sin(\Delta\theta/2) \sim \Delta\theta/2$ の近似を用い，整理すると，

$$\dfrac{\Delta\sigma_{rr}}{\Delta r} + \dfrac{\sigma_{rr}-\sigma_{\theta\theta}}{r} + F = 0$$

となり，極限 $\Delta r \to 0$ をとることで，以下の応力の平衡方程式が得られる．

$$\dfrac{d\sigma_{rr}}{dr} + \dfrac{\sigma_{rr}-\sigma_{\theta\theta}}{r} + F = 0 \quad (9.9)$$

9.4 変位の微分方程式

応力の平衡方程式 (9.9) に平面応力問題に対するフックの法則 (9.4) を代入する．さらに，式 (9.1) を代入して整理すると，つぎの変位の微分方程式が得られる．

$$\frac{d^2 u}{dr^2} + \frac{1}{r}\frac{du}{dr} - \frac{u}{r^2} + \frac{1-\nu^2}{E}F = 0 \tag{9.10}$$

また，平面ひずみ問題に対するフックの法則 (9.7) における変位の微分方程式は

$$\frac{d^2 u}{dr^2} + \frac{1}{r}\frac{du}{dr} - \frac{u}{r^2} + \frac{(1-2\nu)(1+\nu)}{(1-\nu)E}F = 0 \tag{9.11}$$

である．

体積力 $F = 0$ とすると，変位の微分方程式 (9.10) や (9.11) はつぎのようになる．

$$\frac{d^2 u}{dr^2} + \frac{1}{r}\frac{du}{dr} - \frac{u}{r^2} = 0 \tag{9.12}$$

よって，体積力がない場合，平面応力問題，平面ひずみ問題ともに，変位の微分方程式は一致する．

例題 9-1 式 (9.12) の微分方程式を解け．また，ひずみ成分，応力成分も求めよ．

[解答] この微分方程式の解を求めるために，解が $u(r) = r^n$ の形であると仮定する．これを式 (9.12) に代入すると，

$$r^{n-2}(n+1)(n-1) = 0$$

が得られ，これにより $n = +1, -1$ と決められる．よって，常微分方程式 (9.12) の一般解は

$$u(r) = Ar + B\frac{1}{r} \tag{9.13}$$

となる．定数 A, B は境界条件を満足するように求めることになる．

式 (9.13) を式 (9.1) に代入して，ひずみ成分は

$$\varepsilon_{rr} = A - B\frac{1}{r^2}, \quad \varepsilon_{\theta\theta} = A + B\frac{1}{r^2}, \quad \gamma_{r\theta} = 0$$

となる．よって，平面応力問題に対する応力成分は，式 (9.4) から

$$\begin{cases} \sigma_{rr} = \dfrac{E}{1+\nu}\left(\dfrac{1+\nu}{1-\nu}A - B\dfrac{1}{r^2}\right) \\ \sigma_{\theta\theta} = \dfrac{E}{1+\nu}\left(\dfrac{1+\nu}{1-\nu}A + B\dfrac{1}{r^2}\right) \\ \sigma_{r\theta} = 0 \end{cases} \tag{9.14}$$

となる．また，平面ひずみ問題に対する応力成分は，式 (9.7) から

$$\begin{cases} \sigma_{rr} = \dfrac{E}{1+\nu}\left(\dfrac{1}{1-2\nu}A - B\dfrac{1}{r^2}\right) \\ \sigma_{\theta\theta} = \dfrac{E}{1+\nu}\left(\dfrac{1}{1-2\nu}A + B\dfrac{1}{r^2}\right) \\ \sigma_{r\theta} = 0 \end{cases} \tag{9.15}$$

となる.

9章のまとめ

- 軸対称問題での応力成分：$\sigma_{rr}(r),\ \sigma_{\theta\theta}(r)$
- 軸対称問題での変位成分とひずみ成分の関係

$$\varepsilon_{rr} = \frac{du}{dr},\quad \varepsilon_{\theta\theta} = \frac{u}{r},\quad \gamma_{r\theta} = 0$$

- 軸対称問題での平面応力問題に対するフックの法則

$$\begin{cases} \varepsilon_{rr} = \dfrac{1}{E}\left(\sigma_{rr} - \nu\sigma_{\theta\theta}\right) \\ \varepsilon_{\theta\theta} = \dfrac{1}{E}\left(\sigma_{\theta\theta} - \nu\sigma_{rr}\right) \end{cases}$$

- 軸対称問題での平面ひずみ問題に対するフックの法則

$$\begin{cases} \varepsilon_{rr} = \dfrac{1+\nu}{E}\left\{(1-\nu)\sigma_{rr} - \nu\sigma_{\theta\theta}\right\} \\ \varepsilon_{\theta\theta} = \dfrac{1+\nu}{E}\left\{(1-\nu)\sigma_{\theta\theta} - \nu\sigma_{rr}\right\} \end{cases}$$

- 軸対称問題での応力の平衡方程式（物体力なしの場合）

$$\frac{d\sigma_{rr}}{dr} + \frac{\sigma_{rr} - \sigma_{\theta\theta}}{r} = 0$$

- 軸対称問題での変位の微分方程式（物体力なしの場合）

$$\frac{d^2u}{dr^2} + \frac{1}{r}\frac{du}{dr} - \frac{u}{r^2} = 0$$

一般解は $u(r) = Ar + B\dfrac{1}{r}$

演習問題

9–1　式 (9.4) および式 (9.7) を導け.
9–2　2次元軸対称問題において生じる体積ひずみを求めよ.
9–3　2次元軸対称問題において問題となる体積力を挙げてみよ.

10　2次元軸対称問題の解法

9章では，2次元軸対称問題における変位の基礎方程式とその一般解を求めた．本章では，この一般解を利用して，実用上重要なさまざまな問題を解いてみる．ここで扱われる問題は，中実円板，中空円板と進み，最後に，これらを組み合わせた問題へと発展していく．いずれも，機械要素の設計，内圧を受ける配管の破壊の問題などで重要となる．また，金属組織と材料の強さの関係を理解するためにも，ここで扱われた問題を応用できる．

10.1　中実円板

はじめに，図 10.1 に示すような中実円板について考える．この問題において円板の中心は変位しない．よって，

$$u(0) = 0$$

である．このことと例題 9-1 で求めた一般解 (9.13) から，変位の解は

$$u(r) = Ar \tag{10.1}$$

でなければならないことがわかる．

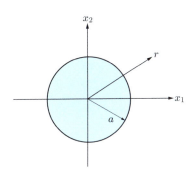

図 10.1　中実円板

応力成分は，平面応力問題の場合，

$$\sigma_{rr} = \sigma_{\theta\theta} = \frac{E}{1-\nu}A \tag{10.2}$$

となり，平面ひずみ問題の場合，

$$\sigma_{rr} = \sigma_{\theta\theta} = \frac{E}{(1+\nu)(1-2\nu)} A \tag{10.3}$$

となる.

●10.1.1● 一様引張を受ける円板の問題

半径 a の中実円板の表面で一様引張

$$\sigma_{rr}(a) = p$$

を受けている.このとき,円板に生じる変位と応力を求める.平面応力問題とすれば,式 (10.2) より,

$$\sigma_{rr} = \frac{E}{1-\nu} A = p$$

であり,よって,

$$A = \frac{1-\nu}{E} p$$

を得る.このことから,中実円板に生じる変位と応力は

$$u(r) = \frac{1-\nu}{E} pr \tag{10.4a}$$

$$\sigma_{rr} = \sigma_{\theta\theta} = p \tag{10.4b}$$

となる.

●10.1.2● 剛体板の円孔への弾性円板の埋め込み問題

図 10.2 に示す剛体板の円孔への弾性円板の埋め込み問題について考える.弾性円板の半径を $a+\varepsilon$ ($\varepsilon/a \ll 1$),剛体板の円孔の半径を a とする.この問題を解くために,一様引張を受ける中実円板の解 (10.4) を利用する.この解において,引張 (p) から圧縮 ($-p$) に置き換え,

$$u(r) = -\frac{1-\nu}{E} pr$$

$$\sigma_{rr} = \sigma_{\theta\theta} = -p$$

を得る.つぎに,円板を ε だけ縮めればよいから,

$$-\varepsilon = -\frac{1-\nu}{E} pa$$

である.よって,

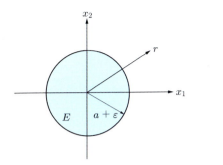
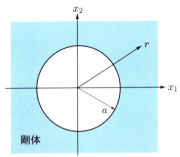

(a) 半径 $a+\varepsilon$ の弾性円板　　(b) 半径 a の円孔をもつ剛体

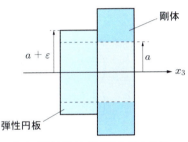

(c) 弾性円板を埋め込む前の状態

図 10.2　剛体板の円孔への弾性円板の埋め込み

$$p = \frac{E}{1-\nu}\left(\frac{\varepsilon}{a}\right)$$

となり，この面圧を作用させれば，弾性円板を剛体板の円孔に挿入することができる．円孔に挿入後，弾性円板には

$$\sigma_{rr} = \sigma_{\theta\theta} = -\frac{E}{1-\nu}\left(\frac{\varepsilon}{a}\right) \tag{10.5}$$

の圧縮**残留応力** (residual stress) が一様に生じることになる．この結果が示すような，互いに直交する方向の応力成分が等しい状態にあるとき，物体は**等 2 軸応力状態** (biaxial stress state) にあるという．

10.2　中空円板

つぎに，図 10.3 に示すような，内径 a，外径 b の中空円板について考える．例題 9–1 より，この問題における変位の解は

$$u(r) = Ar + B\frac{1}{r} \tag{10.6}$$

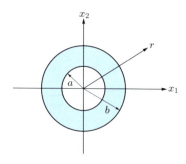

図 10.3 中空円板

の形である．

応力成分は，平面応力問題の場合，

$$\begin{cases} \sigma_{rr} = \dfrac{E}{1+\nu}\left(\dfrac{1+\nu}{1-\nu}A - B\dfrac{1}{r^2}\right) \\ \sigma_{\theta\theta} = \dfrac{E}{1+\nu}\left(\dfrac{1+\nu}{1-\nu}A + B\dfrac{1}{r^2}\right) \end{cases} \tag{10.7}$$

となり，また，平面ひずみ問題の場合には，

$$\begin{cases} \sigma_{rr} = \dfrac{E}{1+\nu}\left(\dfrac{1}{1-2\nu}A - B\dfrac{1}{r^2}\right) \\ \sigma_{\theta\theta} = \dfrac{E}{1+\nu}\left(\dfrac{1}{1-2\nu}A + B\dfrac{1}{r^2}\right) \end{cases} \tag{10.8}$$

となる．

●10.2.1● 内圧を受ける中空円板の問題

内圧 (p) を受ける中空円板の問題について考える．ここでは，平面応力問題として問題を解くことにする．本問題の境界条件は

$$\sigma_{rr}(a) = -p, \quad \sigma_{rr}(b) = 0$$

である．ここで，$-p$ は内圧であることから，圧縮応力のためマイナスをつけている．上式を式 (10.7) に代入すると，未定係数が

$$A = \frac{1-\nu}{E}\frac{a^2}{b^2-a^2}p, \quad B = \frac{1+\nu}{E}\frac{a^2 b^2}{b^2-a^2}p$$

と求められる．よって，変位と応力はつぎのようになる．

$$u(r) = \frac{a^2}{b^2-a^2}\left(\frac{p}{E}\right)\left\{(1-\nu)r + (1+\nu)\frac{b^2}{r}\right\} \tag{10.9}$$

$$\begin{cases} \sigma_{rr} = \dfrac{a^2}{b^2-a^2}\left\{1-\left(\dfrac{b}{r}\right)^2\right\}p \\ \sigma_{\theta\theta} = \dfrac{a^2}{b^2-a^2}\left\{1+\left(\dfrac{b}{r}\right)^2\right\}p \end{cases} \tag{10.10}$$

●10.2.2● 焼きばめの問題

図 10.4 に示すような,半径 $(a+\varepsilon)$ の中実円板を半径 a の円孔に挿入する問題について考える.この問題を解くためには,中実円板の解 (10.4) と中空円板の解 (10.9) と (10.10) を組み合わせればよい.

図に示すように,中実円板(#1)の縦弾性係数を E_1,ポアソン比を ν_1 とし,中空円板(#2)の縦弾性係数を E_2,ポアソン比を ν_2 とする.このとき,中実円板が

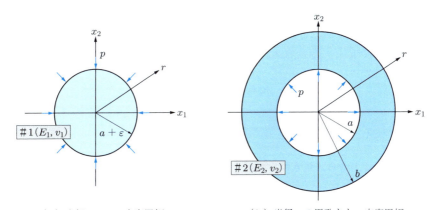

(a) 半径 $a+\varepsilon$ の中実円板   (b) 半径 a の円孔をもつ中空円板

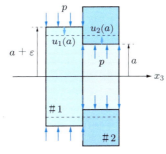

(c) 中空円板へ中実円板を埋め込む前の状態

図 10.4　中空円板に中実円板を挿入する問題

圧力 (p) を受けるときに中実円板に生じる変位と応力は

$$u^{(1)}(r) = -\frac{1-\nu_1}{E_1}pr \tag{10.11a}$$

$$\sigma_{rr}^{(1)}(r) = -p \tag{10.11b}$$

であり，中空円板の円孔が圧力 (p) を受けるときに中空円板に生じる変位と応力は

$$u^{(2)}(r) = \frac{a^2}{b^2-a^2}\left(\frac{p}{E_2}\right)\left\{(1-\nu_2)r + (1+\nu_2)\frac{b^2}{r}\right\} \tag{10.12a}$$

$$\sigma_{rr}^{(2)}(r) = \frac{a^2}{b^2-a^2}\left\{1-\left(\frac{b}{r}\right)^2\right\}p \tag{10.12b}$$

である．ここで，$u^{(1)}$ と $\sigma_{rr}^{(1)}$ は中実円板（#1）の変位と応力，$u^{(2)}$ と $\sigma_{rr}^{(2)}$ は中空円板（#2）の変位と応力をそれぞれ表す．

中実円板を中空円板に挿入するための変位の条件は

$$a + \varepsilon + u^{(1)}(a) = a + u^{(2)}(a) \tag{10.13}$$

である．これに式 (10.11) と式 (10.12) を代入すると，圧力 p が求められ，

$$p = \frac{\left(\dfrac{\varepsilon}{a}\right)}{\dfrac{1-\nu_1}{E_1} + \dfrac{(1-\nu_2)a^2+(1+\nu_2)b^2}{E_2(b^2-a^2)}}$$

となる．このことから，焼きばめ問題の応力解はつぎのようになる．

$$\begin{cases} \sigma_{rr}^{(1)}(r) = -\dfrac{\left(\dfrac{\varepsilon}{a}\right)}{\dfrac{1-\nu_1}{E_1} + \dfrac{(1-\nu_2)a^2+(1+\nu_2)b^2}{E_2(b^2-a^2)}} & (0 \leq r \leq a) \\ \sigma_{rr}^{(2)}(r) = \dfrac{a^2}{b^2-a^2}\left\{1-\left(\dfrac{b}{r}\right)^2\right\}\dfrac{\left(\dfrac{\varepsilon}{a}\right)}{\dfrac{1-\nu_1}{E_1} + \dfrac{(1-\nu_2)a^2+(1+\nu_2)b^2}{E_2(b^2-a^2)}} & (a \leq r \leq b) \end{cases}$$

$$\tag{10.14}$$

●10.2.3● 介在物とその周辺に生じる応力問題

たとえば，鋳鉄の金属組織を観察すると，図 10.5 に示すように，母相に球形状の異相が分散している様子が観察される．鋳鉄の組織は，その変形抵抗を向上させるために，この図のように調整されている．この異相のことを**介在物** (inclusion) という．

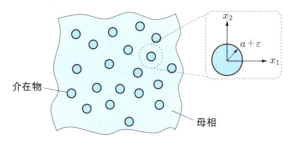

図 10.5 母相中に分布する介在物

母相と介在物とは，原子およびその配置が異なる．すなわち，母相と介在物の間で原子間距離が異なる．もし介在物を母相から取り出すことができたとすると，介在物の半径は $(a+\varepsilon)$ とみなせる．ここで，ε は介在物の原子間距離と母相の違いを表していると考えてよい．ここで，簡単のために，球形状の介在物を円板形状とみなせば，円孔 a の中空円板に半径 $(a+\varepsilon)$ の中実円板を埋め込む問題の解が利用できる．そこで，中空円板を円孔付き無限平板にするために，

$$\frac{a}{b} \to 0 \quad (b \to \infty)$$

のように極限をとる．すると，応力分布はつぎのようになる．

$$\begin{cases} \sigma_{rr}^{(1)}(r) = -\dfrac{\left(\dfrac{\varepsilon}{a}\right)}{\dfrac{1-\nu_1}{E_1}+\dfrac{1+\nu_2}{E_2}} & (0 \leq r \leq a) \\[2em] \sigma_{rr}^{(2)}(r) = -\dfrac{\left(\dfrac{\varepsilon}{a}\right)}{\dfrac{1-\nu_1}{E_1}+\dfrac{1+\nu_2}{E_2}}\left(\dfrac{a}{r}\right)^2 & (a \leq r \leq b) \end{cases} \quad (10.15)$$

このことと 10.1.2 項の結果から，介在物中には圧縮の等 2 軸応力が生じているとともに，応力成分は遠方に向けて減衰していくことがわかる．このようにして，弾性力学の計算結果を活用することで，材料中のミクロな領域での応力分布を正確に予測できる．

10.3 回転円板に生じる応力

一定角速度 ω で回転する密度 ρ の円板が回転しているときに円板に生じる応力を求める．この場合，平面応力問題に対する変位の基礎方程式 (9.10) において，体積力 F として遠心力を考え，

$$F = \rho\omega^2 r \tag{10.16}$$

とおけばよく,
$$\frac{d^2u}{dr^2} + \frac{1}{r}\frac{du}{dr} - \frac{u}{r^2} + \frac{1-\nu^2}{E}\rho\omega^2 r = 0 \tag{10.17}$$

を考える. この一般解は
$$u(r) = C_1 r + C_2 \frac{1}{r} - \frac{1-\nu^2}{8E}\rho\omega^2 r^3 \tag{10.18}$$

となる. この解が正しいことは微分方程式に直接代入することで確認できる.

平面応力問題に対するフックの法則 (9.4) に変位の一般解を代入して整理すると,

$$\begin{cases} \sigma_{rr} = \dfrac{E}{1-\nu^2}\left\{(1+\nu)C_1 - (1-\nu)C_2\dfrac{1}{r^2} - \dfrac{1-\nu^2}{8E}(3+\nu)\rho\omega^2 r^2\right\} \\ \sigma_{\theta\theta} = \dfrac{E}{1-\nu^2}\left\{(1+\nu)C_1 + (1-\nu)C_2\dfrac{1}{r^2} - \dfrac{1-\nu^2}{8E}(1+3\nu)\rho\omega^2 r^2\right\} \end{cases} \tag{10.19}$$

を得る.

例題 10–1 回転円板が半径 b の中実円板のとき,応力成分を具体的に示せ.

[解答] 半径 b の中実円板が回転するとき,$r=0$ にて変位 $u=0$ でなければならない. このことから,$C_2 = 0$ でなければならない. また,$\sigma_{rr}(b) = 0$ より,
$$C_1 = \frac{1-\nu}{8E}(3+\nu)\rho\omega^2 b^2$$

となる. よって,中実円板に生じる応力はつぎのようになる.
$$\begin{cases} \sigma_{rr} = \dfrac{3+\nu}{8}\rho\omega^2\left(b^2 - r^2\right) \\ \sigma_{\theta\theta} = \dfrac{3+\nu}{8}\rho\omega^2 b^2 - \dfrac{1+3\nu}{8}\rho\omega^2 r^2 \end{cases}$$

例題 10–2 回転円板が中空円板(外表面の半径 b および内表面の半径 a)のとき,応力成分を具体的に示せ.

[解答] 外表面での半径 b および内表面での半径 a の中空円板が回転するとき,境界条件は
$$\sigma_{rr}(a) = 0, \quad \sigma_{rr}(b) = 0$$

より,
$$C_1 = \frac{(1-\nu)(3+\nu)}{8E}\rho\omega^2\left(a^2 + b^2\right), \quad C_2 = \frac{(1+\nu)(3+\nu)}{8E}\rho\omega^2 a^2 b^2$$

と求められる．よって，応力成分は

$$\begin{cases} \sigma_{rr} = \dfrac{3+\nu}{8}\rho\omega^2\left(a^2+b^2-\dfrac{a^2b^2}{r^2}-r^2\right) \\ \sigma_{\theta\theta} = \dfrac{3+\nu}{8}\rho\omega^2\left\{a^2+b^2+\dfrac{a^2b^2}{r^2}-\left(\dfrac{1+3\nu}{3+\nu}\right)r^2\right\} \end{cases}$$

となる．

10 章のまとめ

軸対称問題における変位の一般解を利用して，中実円板という単純な問題から始めて，中空円板の問題，焼きばめ問題，介在物の残留応力問題，回転する円板の問題を解く方法を順に学んだ．ここで学んだ手順は，ほかの問題にも適用でき，さらに，本章で得られた解の一つひとつは，機械設計上で重要な公式でもある．必要に応じて参考にしてほしい．

演習問題

10–1 図 10.3 に示す中空円板において，外表面にのみ圧力 p が作用するとき，この円板に生じる応力を求めよ．なお，平面応力状態を仮定せよ．

10–2 図 10.3 に示す中空円板において，内表面に圧力 p_a，外表面に圧力 p_b が作用するとき，この円板に生じる応力を求めよ．なお，平面応力状態を仮定せよ．

10–3 図 10.4 の中空円板に中実円板を挿入する問題において，基準温度 T_0 で中空円板の内表面の半径と中実円板の外表面の半径は等しく a であった．この状態で温度 T まで加熱した．このとき，中空円板と中実円板に生じる応力を求めよ．なお，中実円板の熱膨張係数を α_1，中空円板のそれを α_2 とし，$\alpha_1 > \alpha_2$ の関係にあるものとする．

11 2次元非軸対称問題の基礎式

9章と10章では,極座標系における軸対称平面問題について説明してきた.本章では,より一般的な状態である非軸対称平面問題を解くために必要となる基礎式について示す.ここで,非軸対称平面問題とは,半径方向のみならず周方向にも応力成分が変化している問題を示す.なお,この章はやや難しく,発展的な内容なので,難しいと感じたら,読み飛ばして,ほかの章を学んでから,再びこの章を読むとよい.

11.1 非軸対称問題でのひずみ成分と変位成分の関係

極座標系 (r, θ) のもとでは,すでに9章で説明したように,応力成分は

$$\sigma_{rr}, \quad \sigma_{\theta\theta}, \quad \sigma_{r\theta}\,(=\sigma_{\theta r})$$

の3成分である.これに対応するようにして,ひずみ成分は

$$\varepsilon_{rr}, \quad \varepsilon_{\theta\theta}, \quad \gamma_{r\theta}\,(=\gamma_{\theta r})$$

の3成分となる.

つぎに,ひずみ成分と変位成分の関係を求める.そのために,微小要素と極限操作の概念を利用する.図 11.1 に示すように,極座標系のそれぞれの軸に沿って点Pに対して辺PAと辺PBをおく.荷重を受けることで物体が変形する.これに伴って,P→P′, A→A′, B→B′ のようにそれぞれの点が変位したとする.ここで,点Pでの r 方向の変位成分を u,θ 方向の変位成分を v とする.

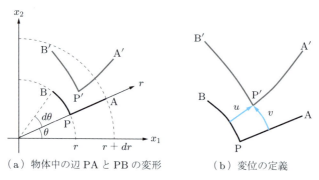

(a) 物体中の辺PAとPBの変形　　(b) 変位の定義

図 11.1　極座標系におけるひずみ成分の求め方

11.1 非軸対称問題でのひずみ成分と変位成分の関係

各ひずみ成分は以下のようにして求められる.

ε_{rr}:図 11.2 より,辺 PA に対する辺 P′A′ の r 方向の変化量を考えて求める.

$$\varepsilon_{rr} = \frac{u + \dfrac{\partial u}{\partial r}dr - u}{dr} = \frac{\partial u}{\partial r}$$

$\varepsilon_{\theta\theta}$:図 11.3 より,円弧 $\overset{\frown}{\text{PB}}$ に対する円弧 $\overset{\frown}{\text{P}'\text{B}'}$ の θ 方向の変位を考えて求める.

$$\varepsilon_{\theta\theta} = \frac{(u+r)d\theta - rd\theta + \left(v + \dfrac{\partial v}{\partial \theta}d\theta - v\right)}{rd\theta} = \frac{u}{r} + \frac{1}{r}\frac{\partial v}{\partial \theta}$$

$\gamma_{r\theta}$:図 11.4 より,円弧 $\overset{\frown}{\text{PB}}$ から $\overset{\frown}{\text{P}'\text{B}'}$,辺 PA から P′A′ への変位と傾きを考えて求める.なお,最後の項で,図 11.4(b) のように,r 軸が変位 v により回転したことを考慮して,回転角度 v/r を差し引いている.

$$\gamma_{r\theta} = \frac{\dfrac{\partial u}{\partial \theta}d\theta}{rd\theta} + \frac{\dfrac{\partial v}{\partial r}dr}{dr} - \frac{v}{r} = \frac{1}{r}\frac{\partial u}{\partial \theta} + \frac{\partial v}{\partial r} - \frac{v}{r}$$

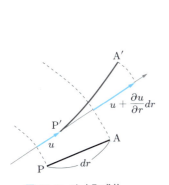

図 11.2 ひずみ成分 ε_{rr}

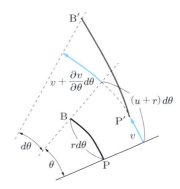

図 11.3 ひずみ成分 $\varepsilon_{\theta\theta}$

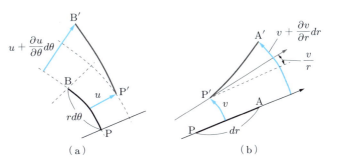

図 11.4 ひずみ成分 $\gamma_{r\theta}$

以上，ひずみ成分と変位成分の関係をまとめると，以下のようになる．

$$\begin{cases} \varepsilon_{rr} = \dfrac{\partial u}{\partial r} \\ \varepsilon_{\theta\theta} = \dfrac{u}{r} + \dfrac{1}{r}\dfrac{\partial v}{\partial \theta} \\ \gamma_{r\theta} = \dfrac{1}{r}\dfrac{\partial u}{\partial \theta} + \dfrac{\partial v}{\partial r} - \dfrac{v}{r} \end{cases} \quad (11.1)$$

別の方法として，テンソル演算のみによってひずみ成分の式 (11.1) を求めてみよう．これまでの定義に従って，直角座標系 (x_1, x_2) における変位成分を (u_1, u_2)，極座標系 (r, θ) における変位成分を (u, v) とする．二つの異なる座標系の間には，

$$\begin{cases} u_1 = u\cos\theta - v\sin\theta \\ u_2 = u\sin\theta + v\cos\theta \end{cases} \quad (11.2)$$

が成り立ち，また，ひずみ成分の座標変換式により，

$$\begin{cases} \varepsilon_{rr} = \cos^2\theta\,\varepsilon_{11} + 2\cos\theta\sin\theta\,\varepsilon_{12} + \sin^2\theta\,\varepsilon_{22} \\ \varepsilon_{r\theta} = -\cos\theta\sin\theta\,\varepsilon_{11} + \left(\cos^2\theta - \sin^2\theta\right)\varepsilon_{12} + \cos\theta\sin\theta\,\varepsilon_{22} \\ \varepsilon_{\theta\theta} = \sin^2\theta\,\varepsilon_{11} - 2\cos\theta\sin\theta\,\varepsilon_{12} + \cos^2\theta\,\varepsilon_{22} \end{cases} \quad (11.3)$$

の関係式が成り立つ．

一方，直角座標系におけるひずみ成分を極座標系に変換する．このために，変換式

$$\dfrac{\partial r}{\partial x_1} = \cos\theta, \quad \dfrac{\partial r}{\partial x_2} = \sin\theta, \quad \dfrac{\partial \theta}{\partial x_1} = -\dfrac{\sin\theta}{r}, \quad \dfrac{\partial \theta}{\partial x_2} = \dfrac{\cos\theta}{r}$$

を利用すると，

$$\begin{cases} \varepsilon_{11} = \dfrac{\partial u_1}{\partial x_1} = \cos\theta\dfrac{\partial u_1}{\partial r} - \dfrac{\sin\theta}{r}\dfrac{\partial u_1}{\partial \theta} \\ \varepsilon_{22} = \dfrac{\partial u_2}{\partial x_2} = \sin\theta\dfrac{\partial u_2}{\partial r} + \dfrac{\cos\theta}{r}\dfrac{\partial u_2}{\partial \theta} \\ \gamma_{12} = 2\varepsilon_{12} = \dfrac{\partial u_1}{\partial x_2} + \dfrac{\partial u_2}{\partial x_1} = \cos\theta\dfrac{\partial u_2}{\partial r} - \dfrac{\sin\theta}{r}\dfrac{\partial u_2}{\partial \theta} + \sin\theta\dfrac{\partial u_1}{\partial r} + \dfrac{\cos\theta}{r}\dfrac{\partial u_1}{\partial \theta} \end{cases} \quad (11.4)$$

となる．

ひずみ成分の式 (11.4) に変位成分の式 (11.2) を代入すると，

$$\begin{cases}
\varepsilon_{11} = \cos^2\theta \dfrac{\partial u}{\partial r} - \cos\theta\sin\theta \dfrac{\partial v}{\partial r} - \dfrac{\sin\theta\cos\theta}{r}\dfrac{\partial u}{\partial \theta} \\
\qquad + \dfrac{\sin^2\theta}{r}u + \dfrac{\sin^2\theta}{r}\dfrac{\partial v}{\partial \theta} + \dfrac{\sin\theta\cos\theta}{r}v \\
\varepsilon_{22} = \sin^2\theta \dfrac{\partial u}{\partial r} + \cos\theta\sin\theta \dfrac{\partial v}{\partial r} + \dfrac{\sin\theta\cos\theta}{r}\dfrac{\partial u}{\partial \theta} \\
\qquad + \dfrac{\cos^2\theta}{r}u + \dfrac{\cos^2\theta}{r}\dfrac{\partial v}{\partial \theta} - \dfrac{\sin\theta\cos\theta}{r}v \\
\gamma_{12} = 2\cos\theta\sin\theta \dfrac{\partial u}{\partial r} + (\cos^2\theta - \sin^2\theta)\dfrac{\partial v}{\partial r} + \dfrac{(\cos^2\theta - \sin^2\theta)}{r}\dfrac{\partial u}{\partial \theta} \\
\qquad - 2\dfrac{\sin\theta\cos\theta}{r}u - 2\dfrac{\sin\theta\cos\theta}{r}\dfrac{\partial v}{\partial \theta} - \dfrac{(\cos^2\theta - \sin^2\theta)}{r}v
\end{cases} \quad (11.5)$$

となり,さらに,式 (11.5) を式 (11.3) に代入して整理すると,

$$\begin{cases}
\varepsilon_{rr} = \dfrac{\partial u}{\partial r} \\
\varepsilon_{\theta\theta} = \dfrac{u}{r} + \dfrac{1}{r}\dfrac{\partial v}{\partial \theta} \\
\gamma_{r\theta} = 2\varepsilon_{r\theta} = \dfrac{1}{r}\dfrac{\partial u}{\partial \theta} + \dfrac{\partial v}{\partial r} - \dfrac{v}{r}
\end{cases}$$

となる.これは式 (11.1) に一致している.

上式で変位 u, v を消去すると,極座標系におけるひずみの適合条件は,つぎのようになる.

$$\dfrac{\partial^2 \varepsilon_{\theta\theta}}{\partial r^2} + \dfrac{2}{r}\dfrac{\partial \varepsilon_{\theta\theta}}{\partial r} - \dfrac{1}{r}\dfrac{\partial^2 \gamma_{r\theta}}{\partial r \partial \theta} - \dfrac{1}{r^2}\dfrac{\partial \gamma_{r\theta}}{\partial \theta} + \dfrac{1}{r^2}\dfrac{\partial^2 \varepsilon_{rr}}{\partial \theta^2} - \dfrac{1}{r}\dfrac{\partial \varepsilon_{rr}}{\partial r} = 0 \quad (11.6)$$

11.2 非軸対称問題でのフックの法則

円柱座標系 (r, θ, x_3) に対するフックの法則は

$$\begin{cases}
\varepsilon_{rr} = \dfrac{1}{E}\{\sigma_{rr} - \nu(\sigma_{\theta\theta} + \sigma_{33})\} \\
\varepsilon_{\theta\theta} = \dfrac{1}{E}\{\sigma_{\theta\theta} - \nu(\sigma_{rr} + \sigma_{33})\} \\
\varepsilon_{33} = \dfrac{1}{E}\{\sigma_{33} - \nu(\sigma_{rr} + \sigma_{\theta\theta})\}
\end{cases} \quad (11.7)$$

$$\gamma_{r\theta} = \dfrac{1}{G}\sigma_{r\theta}, \quad \gamma_{r3} = \dfrac{1}{G}\sigma_{r3}, \quad \gamma_{\theta3} = \dfrac{1}{G}\sigma_{\theta3} \quad (11.8)$$

となる.

これに対して，平面応力問題に対するフックの法則は，$\sigma_{33}=0$ より，

$$\begin{cases} \varepsilon_{rr} = \dfrac{1}{E}\left(\sigma_{rr}-\nu\sigma_{\theta\theta}\right) \\ \varepsilon_{\theta\theta} = \dfrac{1}{E}\left(\sigma_{\theta\theta}-\nu\sigma_{rr}\right) \\ \gamma_{r\theta} = \dfrac{1}{G}\sigma_{r\theta} \end{cases} \tag{11.9}$$

となり，応力成分について解くと，つぎのようになる．

$$\begin{cases} \sigma_{rr} = \dfrac{E}{1+\nu}\left\{\varepsilon_{rr}+\dfrac{\nu}{1-\nu}\left(\varepsilon_{rr}+\varepsilon_{\theta\theta}\right)\right\} \\ \sigma_{\theta\theta} = \dfrac{E}{1+\nu}\left\{\varepsilon_{\theta\theta}+\dfrac{\nu}{1-\nu}\left(\varepsilon_{rr}+\varepsilon_{\theta\theta}\right)\right\} \\ \sigma_{r\theta} = G\gamma_{r\theta} \end{cases} \tag{11.10}$$

つぎに，平面ひずみ問題に対するフックの法則は，$\varepsilon_{33}=0$ より，

$$\varepsilon_{33} = \dfrac{1}{E}\left\{\sigma_{33}-\nu\left(\sigma_{rr}+\sigma_{\theta\theta}\right)\right\}=0$$

となって，

$$\sigma_{33} = \nu\left(\sigma_{rr}+\sigma_{\theta\theta}\right) \tag{11.11}$$

が得られる．これを式 (11.7) に代入し，整理すると，

$$\begin{cases} \varepsilon_{rr} = \dfrac{1+\nu}{E}\left\{(1-\nu)\sigma_{rr}-\nu\sigma_{\theta\theta}\right\} \\ \varepsilon_{\theta\theta} = \dfrac{1+\nu}{E}\left\{(1-\nu)\sigma_{\theta\theta}-\nu\sigma_{rr}\right\} \end{cases} \tag{11.12}$$

となる．これが平面ひずみ問題に対するフックの法則である．応力成分について求めると，

$$\begin{cases} \sigma_{rr} = \dfrac{E}{1+\nu}\left\{\varepsilon_{rr}+\dfrac{\nu}{1-2\nu}\left(\varepsilon_{rr}+\varepsilon_{\theta\theta}\right)\right\} \\ \sigma_{\theta\theta} = \dfrac{E}{1+\nu}\left\{\varepsilon_{\theta\theta}+\dfrac{\nu}{1-2\nu}\left(\varepsilon_{rr}+\varepsilon_{\theta\theta}\right)\right\} \end{cases} \tag{11.13}$$

となる．

以上の平面応力問題と平面ひずみ問題の結果をまとめると，つぎのようになる．

$$\begin{cases} \varepsilon_{rr} = \dfrac{1}{2G}\left\{\sigma_{rr} - \dfrac{3-\kappa}{4}(\sigma_{rr}+\sigma_{\theta\theta})\right\} \\ \varepsilon_{\theta\theta} = \dfrac{1}{2G}\left\{\sigma_{\theta\theta} - \dfrac{3-\kappa}{4}(\sigma_{rr}+\sigma_{\theta\theta})\right\} \\ \gamma_{r\theta} = \dfrac{1}{G}\sigma_{r\theta} \end{cases} \tag{11.14}$$

これを応力成分で表したものは，つぎのようになる．

$$\begin{cases} \sigma_{rr} = 2G\left\{\varepsilon_{rr} - \dfrac{1}{2}\left(\dfrac{3-\kappa}{1-\kappa}\right)e\right\} \\ \sigma_{\theta\theta} = 2G\left\{\varepsilon_{\theta\theta} - \dfrac{1}{2}\left(\dfrac{3-\kappa}{1-\kappa}\right)e\right\} \\ \sigma_{r\theta} = G\gamma_{r\theta} \end{cases} \tag{11.15}$$

ここで，$e = \varepsilon_{rr} + \varepsilon_{\theta\theta}$ は 2 次元問題の体積ひずみである．また，平面応力問題では $\kappa = \dfrac{3-\nu}{1+\nu}$，平面ひずみ問題では $\kappa = 3-4\nu$ とおく．

11.3 非軸対称問題での応力の平衡方程式

極座標系における応力の平衡方程式は，図 11.5 に示す微小領域に対する力のつり合いを考えることで求められる．ここでは，体積力を無視し，厚さを 1 とする．この微小領域の側面には応力成分が図のように作用する．半径方向と周方向での力のつり合いの式を考えるために，図 11.5 の右図のようにベクトルを作用線上に寄せ集める．これにより，半径方向の力のつり合いの式はつぎのようになる．

$$\sum R = \left(\sigma_{rr} + \dfrac{\partial \sigma_{rr}}{\partial r}dr\right)(r+dr)d\theta - \sigma_{rr}r\,d\theta - \left(\sigma_{\theta\theta} + \dfrac{\partial \sigma_{\theta\theta}}{\partial \theta}d\theta\right)\sin\dfrac{d\theta}{2}dr$$
$$- \sigma_{\theta\theta}\sin\dfrac{d\theta}{2}dr + \left(\sigma_{\theta r} + \dfrac{\partial \sigma_{\theta r}}{\partial \theta}d\theta\right)\cos\dfrac{d\theta}{2}dr - \sigma_{\theta r}\cos\dfrac{d\theta}{2}dr = 0$$

ここで，近似式

$$\cos\dfrac{d\theta}{2} \sim 1, \quad \sin\dfrac{d\theta}{2} \sim \dfrac{d\theta}{2}$$

を利用して展開し，微小量の 3 次以上の項を無視して，力のつり合いの式を整理することで，次式を得る．

$$\dfrac{\partial \sigma_{rr}}{\partial r} + \dfrac{1}{r}\dfrac{\partial \sigma_{\theta r}}{\partial \theta} + \dfrac{\sigma_{rr} - \sigma_{\theta\theta}}{r} = 0$$

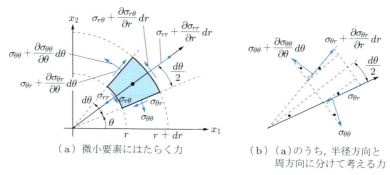

(a) 微小要素にはたらく力　　(b) (a)のうち，半径方向と周方向に分けて考える力

図 11.5　極座標系における応力の平衡方程式

同様にして，周方向に対する力のつり合いの式は

$$\sum \Theta = \left(\sigma_{r\theta} + \frac{\partial \sigma_{r\theta}}{\partial r}dr\right)(r+dr)d\theta - \sigma_{r\theta}r\,d\theta + \left(\sigma_{\theta\theta} + \frac{\partial \sigma_{\theta\theta}}{\partial \theta}d\theta\right)\cos\frac{d\theta}{2}dr$$
$$- \sigma_{\theta\theta}\cos\frac{d\theta}{2}dr + \left(\sigma_{\theta r} + \frac{\partial \sigma_{\theta r}}{\partial \theta}d\theta\right)\sin\frac{d\theta}{2}dr + \sigma_{\theta r}\sin\frac{d\theta}{2}dr = 0$$

となり，微小量の 3 次以上の項を無視し，$\sigma_{r\theta} = \sigma_{\theta r}$ を考慮して，この式を整理することで，次式を得る．

$$\frac{\partial \sigma_{\theta r}}{\partial r} + \frac{1}{r}\frac{\partial \sigma_{\theta\theta}}{\partial \theta} + 2\frac{\sigma_{\theta r}}{r} = 0$$

以上により，極座標系における応力の平衡方程式は，つぎのようにまとめられる．

$$\begin{cases} \dfrac{\partial \sigma_{rr}}{\partial r} + \dfrac{1}{r}\dfrac{\partial \sigma_{\theta r}}{\partial \theta} + \dfrac{\sigma_{rr} - \sigma_{\theta\theta}}{r} = 0 \\ \dfrac{\partial \sigma_{\theta r}}{\partial r} + \dfrac{1}{r}\dfrac{\partial \sigma_{\theta\theta}}{\partial \theta} + 2\dfrac{\sigma_{\theta r}}{r} = 0 \end{cases} \tag{11.16}$$

11.4　応力関数法による解法

本節では，2 次軸非軸対称問題のための応力関数法による解法を説明する．

ところで，応力関数 $\phi = \phi(r, \theta)$ はスカラー関数であるため，直角座標系 (x_1, x_2) から見ても極座標系 (r, θ) から見ても同じ値をもつ．すなわち，

$$\phi = \phi(x_1, x_2) = \phi(r, \theta)$$

である．これに対して，応力成分はテンソルであるため，選択した座標系に依存して変化する．実際に，応力成分が直角座標系から極座標系への変換でどう変化するか見

てみよう．変換式

$$\begin{cases} \dfrac{\partial}{\partial x_1} = \dfrac{\partial r}{\partial x_1}\dfrac{\partial}{\partial r} + \dfrac{\partial \theta}{\partial x_1}\dfrac{\partial}{\partial \theta} = \cos\theta\dfrac{\partial}{\partial r} - \dfrac{\sin\theta}{r}\dfrac{\partial}{\partial \theta} \\ \dfrac{\partial}{\partial x_2} = \dfrac{\partial r}{\partial x_2}\dfrac{\partial}{\partial r} + \dfrac{\partial \theta}{\partial x_2}\dfrac{\partial}{\partial \theta} = \sin\theta\dfrac{\partial}{\partial r} + \dfrac{\cos\theta}{r}\dfrac{\partial}{\partial \theta} \end{cases}$$

により，

$$\sigma_{11} = \frac{\partial^2\phi}{\partial x_2{}^2} = \frac{\partial}{\partial x_2}\frac{\partial\phi}{\partial x_2} = \left(\sin\theta\frac{\partial}{\partial r} + \frac{\cos\theta}{r}\frac{\partial}{\partial\theta}\right)\left(\sin\theta\frac{\partial\phi}{\partial r} + \frac{\cos\theta}{r}\frac{\partial\phi}{\partial\theta}\right)$$

$$\sigma_{22} = \frac{\partial^2\phi}{\partial x_1{}^2} = \frac{\partial}{\partial x_1}\frac{\partial\phi}{\partial x_1} = \left(\cos\theta\frac{\partial}{\partial r} - \frac{\sin\theta}{r}\frac{\partial}{\partial\theta}\right)\left(\cos\theta\frac{\partial\phi}{\partial r} - \frac{\sin\theta}{r}\frac{\partial\phi}{\partial\theta}\right)$$

$$\sigma_{12} = -\frac{\partial^2\phi}{\partial x_1\partial x_2} = -\frac{\partial}{\partial x_1}\frac{\partial\phi}{\partial x_2} = -\left(\cos\theta\frac{\partial}{\partial r} - \frac{\sin\theta}{r}\frac{\partial}{\partial\theta}\right)\left(\sin\theta\frac{\partial\phi}{\partial r} + \frac{\cos\theta}{r}\frac{\partial\phi}{\partial\theta}\right)$$

となる．

また，応力成分の座標変換式より，

$$\sigma_{rr} = \cos^2\theta\,\sigma_{11} + 2\cos\theta\sin\theta\,\sigma_{12} + \sin^2\theta\,\sigma_{22}$$

$$\sigma_{r\theta} = -\cos\theta\sin\theta\,\sigma_{11} + \left(\cos^2\theta - \sin^2\theta\right)\sigma_{12} + \cos\theta\sin\theta\,\sigma_{22}$$

$$\sigma_{\theta\theta} = \sin^2\theta\,\sigma_{11} - 2\cos\theta\sin\theta\,\sigma_{12} + \cos^2\theta\,\sigma_{22}$$

であることから，先の式を代入して整理すると，極座標系における応力成分は

$$\begin{cases} \sigma_{rr} = \dfrac{1}{r}\dfrac{\partial\phi}{\partial r} + \dfrac{1}{r^2}\dfrac{\partial^2\phi}{\partial\theta^2} \\ \sigma_{\theta\theta} = \dfrac{\partial^2\phi}{\partial r^2} \\ \sigma_{r\theta} = \sigma_{\theta r} = -\dfrac{\partial}{\partial r}\left(\dfrac{1}{r}\dfrac{\partial\phi}{\partial\theta}\right) \end{cases} \tag{11.17}$$

となる．式 (11.17) が応力の平衡方程式 (11.16) を満足していることは，直接代入することで確認できる．

さらに，式 (7.4) で見たように，応力関数 ϕ は重調和方程式

$$\Delta\Delta\phi = \left(\frac{\partial^2}{\partial r^2} + \frac{1}{r}\frac{\partial}{\partial r} + \frac{1}{r^2}\frac{\partial^2}{\partial\theta^2}\right)\left(\frac{\partial^2\phi}{\partial r^2} + \frac{1}{r}\frac{\partial\phi}{\partial r} + \frac{1}{r^2}\frac{\partial^2\phi}{\partial\theta^2}\right) = 0 \tag{11.18}$$

を満足しなければならない．

以上により，重調和方程式 (11.18) を適切な境界条件のもとで解けばよい．

11 章のまとめ

- 非軸対称問題での応力成分：σ_{rr}, $\sigma_{\theta\theta}$, $\sigma_{r\theta}(=\sigma_{\theta r})$
- 非軸対称問題での変位成分とひずみ成分の関係

$$\begin{cases} \varepsilon_{rr} = \dfrac{\partial u}{\partial r} \\[6pt] \varepsilon_{\theta\theta} = \dfrac{u}{r} + \dfrac{1}{r}\dfrac{\partial v}{\partial \theta} \\[6pt] \gamma_{r\theta} = \dfrac{1}{r}\dfrac{\partial u}{\partial \theta} + \dfrac{\partial v}{\partial r} - \dfrac{v}{r} \end{cases}$$

- 非軸対称問題でのひずみの適合条件

$$\frac{\partial^2 \varepsilon_{\theta\theta}}{\partial r^2} + \frac{2}{r}\frac{\partial \varepsilon_{\theta\theta}}{\partial r} - \frac{1}{r}\frac{\partial^2 \gamma_{r\theta}}{\partial r \partial \theta} - \frac{1}{r^2}\frac{\partial \gamma_{r\theta}}{\partial \theta} + \frac{1}{r^2}\frac{\partial^2 \varepsilon_{rr}}{\partial \theta^2} - \frac{1}{r}\frac{\partial \varepsilon_{rr}}{\partial r} = 0$$

- 非軸対称問題での平面問題に対するフックの法則（応力成分）

$$\begin{cases} \sigma_{rr} = 2G\left\{\varepsilon_{rr} - \dfrac{1}{2}\left(\dfrac{3-\kappa}{1-\kappa}\right)e\right\} \\[6pt] \sigma_{\theta\theta} = 2G\left\{\varepsilon_{\theta\theta} - \dfrac{1}{2}\left(\dfrac{3-\kappa}{1-\kappa}\right)e\right\} \\[6pt] \sigma_{r\theta} = G\gamma_{r\theta} \end{cases}$$

平面応力問題の場合：$\kappa = \dfrac{3-\nu}{1+\nu}$ 平面ひずみ問題の場合：$\kappa = 3 - 4\nu$

- 非軸対称問題での応力関数

$$\begin{cases} \sigma_{rr} = \dfrac{1}{r}\dfrac{\partial \phi}{\partial r} + \dfrac{1}{r^2}\dfrac{\partial^2 \phi}{\partial \theta^2} \\[6pt] \sigma_{\theta\theta} = \dfrac{\partial^2 \phi}{\partial r^2} \\[6pt] \sigma_{r\theta} = \sigma_{\theta r} = -\dfrac{\partial}{\partial r}\left(\dfrac{1}{r}\dfrac{\partial \phi}{\partial \theta}\right) \end{cases}$$

- 応力関数に関する微分方程式

$$\Delta\Delta\phi = \left(\frac{\partial^2}{\partial r^2} + \frac{1}{r}\frac{\partial}{\partial r} + \frac{1}{r^2}\frac{\partial^2}{\partial \theta^2}\right)\left(\frac{\partial^2 \phi}{\partial r^2} + \frac{1}{r}\frac{\partial \phi}{\partial r} + \frac{1}{r^2}\frac{\partial^2 \phi}{\partial \theta^2}\right) = 0$$

演習問題

11–1 ひずみの適合条件式 (11.6) を導け．

11–2 式 (11.17) は応力の平衡方程式を満足していることを示せ．

11–3 極座標系における重調和方程式を導け．

12　2次元非軸対称問題の解法

11章で求めた2次元非軸対称問題の基礎式を，いくつかの工学的に重要な問題に適用する．このため，はじめに，応力関数法により軸対称問題に関する初歩的な問題を解く．続いて，非軸対称問題の解法に進む．ここで扱われる工学的に重要な問題は，(i) 引張応力を受ける円孔の応力集中問題，(ii) き裂の応力集中問題である．なお，この章はやや難しく，発展的な内容なので，難しいと感じたら，読み飛ばして，ほかの章を学んでから，再びこの章を読むとよい．

12.1　2次元軸対称問題の応力関数法による解法

2次元軸対称問題に対する応力関数は

$$\phi = \phi(r)$$

と r のみの関数であることから，重調和方程式 (11.18) は

$$\left(\frac{d^2}{dr^2} + \frac{1}{r}\frac{d}{dr}\right)\left(\frac{d^2\phi}{dr^2} + \frac{1}{r}\frac{d\phi}{dr}\right) = 0 \tag{12.1}$$

となる．これはつぎのように変形できる．

$$\frac{1}{r}\frac{d}{dr}\left[r\frac{d}{dr}\left\{\frac{1}{r}\frac{d}{dr}\left(r\frac{d\phi}{dr}\right)\right\}\right] = 0$$

これを順次積分していくと，

$$\phi = \frac{1}{4}C_1 r^2 \ln r + C_3 \ln r + \frac{1}{4}(C_2 - C_1)r^2 + C_4$$

と解ける．ここで，C_i ($i = 1, \ldots, 4$) は積分定数である．これらの定数をまとめて，応力関数をつぎのように書き直す．

$$\phi = A \ln r + Br^2 \ln r + Cr^2 + D \tag{12.2}$$

一方，式 (11.17) より，

$$\begin{cases} \sigma_{rr} = \dfrac{1}{r}\dfrac{d\phi}{dr} \\ \sigma_{\theta\theta} = \dfrac{d^2\phi}{dr^2} \\ \sigma_{r\theta} = \sigma_{\theta r} = 0 \end{cases} \tag{12.3}$$

であり，これに式 (12.2) を代入して，応力成分はつぎのようになる．

$$\begin{cases} \sigma_{rr} = \dfrac{A}{r^2} + B(1 + 2\ln r) + 2C \\ \sigma_{\theta\theta} = -\dfrac{A}{r^2} + B(3 + 2\ln r) + 2C \\ \sigma_{r\theta} = \sigma_{\theta r} = 0 \end{cases} \tag{12.4}$$

つぎに，変位成分について求める．平面応力問題に対するフックの法則 (11.9) に式 (12.4) を代入し，

$$\begin{cases} \varepsilon_{rr} = \dfrac{1}{E}\left[(1+\nu)\dfrac{A}{r^2} + B\{(1-3\nu) + 2(1-\nu)\ln r\} + 2(1-\nu)C\right] \\ \varepsilon_{\theta\theta} = \dfrac{1}{E}\left[-(1+\nu)\dfrac{A}{r^2} + B\{(3-\nu) + 2(1-\nu)\ln r\} + 2(1-\nu)C\right] \\ \gamma_{r\theta} = 0 \end{cases}$$

となる．ひずみと変位の関係式 (11.1) にこのひずみ成分を代入し，これを積分することで，以下の変位成分を得る．

$$\begin{cases} u = \dfrac{1}{E}\left[-\dfrac{(1+\nu)}{r}A + B\{2(1-\nu)r\ln r - (1+\nu)r\} + 2(1-\nu)Cr\right] \\ \quad + f(\theta) \\ v = \dfrac{4Br\theta}{E} - \displaystyle\int f(\theta)\,d\theta + f_1(r) \end{cases} \tag{12.5}$$

これらの変位成分をせん断ひずみとせん断応力に関するフックの法則に代入すると

$$\gamma_{r\theta} = \left(\dfrac{df_1(r)}{dr} - \dfrac{f_1(r)}{r}\right) + \dfrac{1}{r}\left(\dfrac{df(\theta)}{d\theta} + \int f(\theta)\,d\theta\right) = 0$$

となり，この恒等式を満足するためには，

$$f(\theta) = F\sin\theta + G\cos\theta$$
$$f_1(r) = Hr$$

でなければならないことがわかる.

結局,変位成分は

$$
\begin{cases}
u = \dfrac{1}{E}\left[-\dfrac{(1+\nu)}{r}A + B\left\{2(1-\nu)r\ln r - (1+\nu)r\right\} + 2(1-\nu)Cr\right] \\
\quad + F\sin\theta + G\cos\theta \\
v = \dfrac{4Br\theta}{E} + F\cos\theta - G\sin\theta + Hr
\end{cases} \tag{12.6}
$$

となる.ここで,$\theta = 0$ 面上の変位成分 v をゼロとおくと,

$$0 = F + Hr$$

が得られ,すべての r に対してこの恒等式を満足させるためには,$F = H = 0$ でなければならない.このことから,変位成分はつぎのようになる.

$$
\begin{cases}
u = \dfrac{1}{E}\left[-\dfrac{(1+\nu)}{r}A + B\left\{2(1-\nu)r\ln r - (1+\nu)r\right\} + 2(1-\nu)Cr\right] \\
\quad + G\cos\theta \\
v = \dfrac{4Br\theta}{E} - G\sin\theta
\end{cases} \tag{12.7}
$$

以上により,境界条件に応じて応力成分と変位成分に含まれる定数を求めれば,あらゆる軸対称問題を解くことができる.

ここで,変位成分 v に注目すると,

$$v|_{\theta=0} = 0$$

である.しかし,角度 $\theta = 2\pi$ とおいてみると,その変位成分は

$$v|_{\theta=2\pi} = \dfrac{8\pi Br}{E}$$

となり,変位はゼロに戻らない.すなわち,角度 $\theta = 0$ の面では,変位成分 v は連続とならない.これを**変位の多価性** (many valued expression of displacements),あるいは,周方向変位成分は**多価関数** (many valued function) である,という.このような変位に関する数学的性質は,結晶中に存在する転位周りの応力場を計算するために利用される.

材料力学において馴染みがある問題として,図 12.1 に示すような両端で曲げモーメントを受ける曲がりはりの問題について考える.この問題においては,はりの端面で曲げモーメント M_0 が作用するため,はりの断面では曲げ応力が引張から圧縮へ線

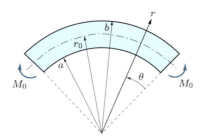

図 12.1 両端で曲げモーメントを受ける曲がりはりの問題

形に変化する．この曲げ応力は周方向に沿って同一の分布形状となるため，これは軸対称問題である．

この問題の境界条件は

$$\sigma_{rr}|_{r=a} = 0, \quad \sigma_{rr}|_{r=b} = 0 \tag{12.8}$$

$$\int_a^b \sigma_{\theta\theta} dr = 0, \quad \int_a^b \sigma_{\theta\theta}(r - r_0)\, dr = -M_0 \tag{12.9}$$

である．ここで，

$$r_0 = \frac{a+b}{2}$$

とし，はりの厚さを 1 とした．

境界条件 (12.8) は，曲がりはりの表面には表面力が作用していないことを表している．境界条件 (12.9) は，曲がりはりの端面で合力がゼロであること，および，曲げモーメント M_0 が作用していることをそれぞれ表している．

これらの境界条件を応力成分 (12.4) に代入すると，つぎの連立方程式が得られる．

$$\begin{cases} \dfrac{A}{a^2} + B(1 + 2\ln a) + 2C = 0 \\ \dfrac{A}{b^2} + B(1 + 2\ln b) + 2C = 0 \\ A\left(\dfrac{1}{b} - \dfrac{1}{a}\right) + B\{(b-a) + 2(b\ln b - a\ln a)\} + 2C(b-a) = 0 \\ A\ln\left(\dfrac{b}{a}\right) - B\{(b^2 - a^2) + (b^2\ln b - a^2\ln a)\} - C(b^2 - a^2) = M_0 \end{cases}$$

ここで，三つの積分定数 A，B，C に対して，四つの方程式があるが，3 行目の方程式は (2 行目) $\times b -$ (1 行目) $\times a$ と同じなので，独立な方程式は三つである．この連立方程式を解くと，各定数がつぎのように決まる．

$$A = -\frac{4M_0}{N}a^2b^2\ln\left(\frac{b}{a}\right), \quad B = -\frac{2M_0}{N}\left(b^2-a^2\right)$$

$$C = \frac{M_0}{N}\left\{\left(b^2-a^2\right)+2\left(b^2\ln b - a^2\ln a\right)\right\}$$

ここで,

$$N = \left(b^2-a^2\right)^2 - 4a^2b^2\left\{\ln\left(\frac{b}{a}\right)\right\}^2$$

とおいた.よって,曲がりはりに生じる応力は,つぎのようになる.

$$\begin{cases} \sigma_{rr} = -\dfrac{4M_0}{N}\left\{\dfrac{a^2b^2}{r^2}\ln\left(\dfrac{b}{a}\right) + b^2\ln\left(\dfrac{r}{b}\right) + a^2\ln\left(\dfrac{a}{r}\right)\right\} \\ \sigma_{\theta\theta} = -\dfrac{4M_0}{N}\left\{-\dfrac{a^2b^2}{r^2}\ln\left(\dfrac{b}{a}\right) + b^2\ln\left(\dfrac{r}{b}\right) + a^2\ln\left(\dfrac{a}{r}\right) + \left(b^2-a^2\right)\right\} \\ \sigma_{r\theta} = 0 \end{cases} \quad (12.10)$$

12.2 2次元非軸対称問題の応力関数法による解法

非軸対称問題,すなわち応力成分が半径方向にも周方向にも変化するような,より一般的な問題について考える.

応力関数がつぎのように変数分離できるものとする.

$$\phi(r,\theta) = f(r)\sin(n\theta), \ f(r)\cos(n\theta) \tag{12.11}$$

これを重調和方程式 (11.18) に代入すると,つぎのようになる.

$$\left\{\frac{d^2}{dr^2}+\frac{1}{r}\frac{d}{dr}-\left(\frac{n}{r}\right)^2\right\}\left\{\frac{d^2f}{dr^2}+\frac{1}{r}\frac{df}{dr}-\left(\frac{n}{r}\right)^2 f\right\} = 0 \tag{12.12}$$

この微分方程式の一般解は,つぎのように与えられる.

(ⅰ) $n \neq 1$ のとき

$$f(r) = C_1 r^{n+2} + C_2 r^{-n+2} + C_3 r^n + C_4 r^{-n} \tag{12.13}$$

(ⅱ) $n = 1$ のとき

$$f(r) = \frac{1}{16}C_1 r^3 + \frac{1}{4}C_2(2r\ln r - r) + \frac{1}{2}C_3 r + C_4\frac{1}{r} \tag{12.14}$$

この応力関数を利用して,いくつかの工学的に重要な問題を解いてみる.

● 12.2.1 ● 端面にせん断力を受ける曲りはりの問題

図 12.2 に示すような，端面にせん断力を受ける曲がりはりの問題について考える．この問題に適した応力関数として，つぎの形を選択する．

$$\phi = f(r)\sin\theta$$

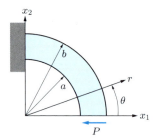

図 12.2　端面にせん断力を受ける曲がりはり

式 (12.14) を式 (11.17) に代入して，応力成分は

$$\begin{cases} \sigma_{rr} = \left(\dfrac{1}{8}C_1 r + \dfrac{1}{2}C_2\dfrac{1}{r} - 2C_4\dfrac{1}{r^3}\right)\sin\theta \\ \sigma_{\theta\theta} = \left(\dfrac{3}{8}C_1 r + \dfrac{1}{2}C_2\dfrac{1}{r} + 2C_4\dfrac{1}{r^3}\right)\sin\theta \\ \sigma_{r\theta} = -\left(\dfrac{1}{8}C_1 r + \dfrac{1}{2}C_2\dfrac{1}{r} - 2C_4\dfrac{1}{r^3}\right)\cos\theta \end{cases} \quad (12.15)$$

となる．積分定数を求めるために必要な境界条件は

$$(\sigma_{rr})_{r=a} = 0, \quad (\sigma_{rr})_{r=b} = 0$$

$$(\sigma_{r\theta})_{r=a} = 0, \quad (\sigma_{r\theta})_{r=b} = 0$$

$$\int_a^b (\sigma_{r\theta})_{\theta=0}\, dr = P$$

である．よって，応力成分 (12.15) をこれらの境界条件に代入して，独立な方程式のみを考えることで，つぎの連立方程式が得られる．

$$\begin{cases} \dfrac{1}{8}C_1 a + \dfrac{1}{2}C_2\dfrac{1}{a} - 2C_4\dfrac{1}{a^3} = 0 \\ \dfrac{1}{8}C_1 b + \dfrac{1}{2}C_2\dfrac{1}{b} - 2C_4\dfrac{1}{b^3} = 0 \\ \dfrac{1}{16}C_1\left(b^2 - a^2\right) + \dfrac{1}{2}C_2\ln\left(\dfrac{b}{a}\right) + C_4\dfrac{a^2 - b^2}{a^2 b^2} = -P \end{cases}$$

この連立方程式を解くと，各積分定数が

$$C_1 = \frac{8}{N}P, \quad C_2 = \frac{-2(a^2+b^2)}{N}P, \quad C_4 = \frac{-a^2b^2}{N}P$$

と決まる．ここで，

$$N = (a^2 - b^2) + (a^2 + b^2)\ln\left(\frac{b}{a}\right)$$

である．よって，応力成分は

$$\begin{cases} \sigma_{rr} = \left(r - \dfrac{a^2+b^2}{r} + \dfrac{a^2b^2}{r^3}\right)\left(\dfrac{P}{N}\right)\sin\theta \\ \sigma_{\theta\theta} = \left(3r - \dfrac{a^2+b^2}{r} - \dfrac{a^2b^2}{r^3}\right)\left(\dfrac{P}{N}\right)\sin\theta \\ \sigma_{r\theta} = -\left(r - \dfrac{a^2+b^2}{r} + \dfrac{a^2b^2}{r^3}\right)\left(\dfrac{P}{N}\right)\cos\theta \end{cases} \quad (12.16)$$

となる．

● 12.2.2 ● 円孔を有する平板の引張問題

この問題に対する解法のポイントは，"重ね合せの原理" に基づいてわかっている解を組み合わせることにある．

図 12.3 には，無限平板に半径 a の円孔があり，遠方で一方向に一様の引張応力 S がはたらいている．材料力学で学んだように，円孔の縁では応力が乱されて（力線の密度が円孔周辺で増加し），応力が高くなる．この現象を**応力集中** (stress concentration) という．機械要素のおもな破壊原因はこの応力集中であるため，応力集中によって応力がどの程度高くなるのかを正確に見積もる必要がある．

ただし，本問題をそのまま解くことは難しいので，図 12.4 に示すような二つの問題に分離して考えることにする．それぞれの問題について解いた後，重ね合せの原理

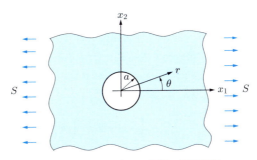

図 12.3　円孔を有する平板の引張問題

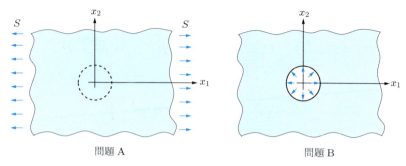

図 12.4 円孔を有する平板の引張問題の基本問題への分離

により足せばよい.

まず,導出が簡単な問題 A について考える.これは,円孔がない無限平板において遠方にて一様な引張応力 S がはたらいている問題である.極座標での応力成分は,応力成分の座標変換式より,

$$\sigma_{rr} = \cos^2\theta\,\sigma_{11} + 2\cos\theta\sin\theta\,\sigma_{12} + \sin^2\theta\,\sigma_{22}$$

$$\sigma_{\theta\theta} = \sin^2\theta\,\sigma_{11} - 2\cos\theta\sin\theta\,\sigma_{12} + \cos^2\theta\,\sigma_{22}$$

$$\sigma_{r\theta} = -\cos\theta\sin\theta\,\sigma_{11} + (\cos^2\theta - \sin^2\theta)\,\sigma_{12} + \cos\theta\sin\theta\,\sigma_{22}$$

となる.これらの式に $\sigma_{11} = S, \sigma_{22} = 0, \sigma_{12} = 0$ を代入すれば,問題 A の応力成分が

$$\begin{cases} \sigma_{rr}^{(A)} = \dfrac{1}{2}S + \dfrac{1}{2}S\cos 2\theta \\ \sigma_{\theta\theta}^{(A)} = \dfrac{1}{2}S - \dfrac{1}{2}S\cos 2\theta \\ \sigma_{r\theta}^{(A)} = 0 - \dfrac{1}{2}S\sin 2\theta \end{cases} \tag{12.17}$$

と得られる.ここで,「(応力成分) = (軸対称問題) + (非軸対称問題)」のように,応力成分が分離されることに注意してほしい.

つぎに,図 12.4 の問題 B を考える.これは,上記の式 (12.7) を踏まえれば,軸対称問題における式 (12.4) と,非軸対称問題における式 (12.11) で $n=2$ の場合の $f(r)\cos 2\theta$ の応力関数を組み合わせて考えればよさそうである.境界条件としては,以下のような,無限遠点での応力ゼロ条件と,円孔縁 ($r=a$) で重ね合せた応力成分がゼロとなるように問題 A の応力成分を打ち消す条件を用いる.

$$\begin{aligned} \left(\sigma_{rr}^{(B)}\right)_{r=a} &= -\dfrac{1}{2}S - \dfrac{1}{2}S\cos 2\theta, & \left(\sigma_{rr}^{(B)}\right)_{r\to\infty} &= 0 \\ \left(\sigma_{r\theta}^{(B)}\right)_{r=a} &= \dfrac{1}{2}S\sin 2\theta, & \left(\sigma_{r\theta}^{(B)}\right)_{r\to\infty} &= 0 \end{aligned} \tag{12.18}$$

さて，問題 B について解いていく．応力関数は

$$\phi^{(\mathrm{B})} = \left(C_1 r^4 + C_2 + C_3 r^2 + \frac{C_4}{r^2}\right)\cos 2\theta + A\ln r + Br^2 \ln r + Cr^2 + D$$

である．この応力関数に対応した応力成分は

$$\sigma_{rr}^{(\mathrm{B})} = \left(-4C_2 \frac{1}{r^2} - 2C_3 - 6\frac{C_4}{r^4}\right)\cos 2\theta + \frac{A}{r^2} + 2B\ln r + B + 2C$$

$$\sigma_{\theta\theta}^{(\mathrm{B})} = \left(12C_1 r^2 + 2C_3 + 6\frac{C_4}{r^4}\right)\cos 2\theta - \frac{A}{r^2} + 2B\ln r + 3B + 2C$$

$$\sigma_{r\theta}^{(\mathrm{B})} = 2\left(3C_1 r^2 - \frac{C_2}{r^2} + C_3 - 3\frac{C_4}{r^4}\right)\sin 2\theta$$

である．
境界条件は「$r \to \infty$ にて $\sigma_{ij}^{(\mathrm{B})} \to 0$」より，係数は $C_1 = C_3 = B = C = 0$ となる．これにより，応力成分はつぎのようになる．

$$\sigma_{rr}^{(\mathrm{B})} = \left(-4C_2 \frac{1}{r^2} - 6\frac{C_4}{r^4}\right)\cos 2\theta + \frac{A}{r^2}$$

$$\sigma_{\theta\theta}^{(\mathrm{B})} = 6\frac{C_4}{r^4}\cos 2\theta - \frac{A}{r^2}$$

$$\sigma_{r\theta}^{(\mathrm{B})} = 2\left(-\frac{C_2}{r^2} - 3\frac{C_4}{r^4}\right)\sin 2\theta$$

さらに，これに円孔縁（$r = a$）での境界条件を代入することで，残りの係数がつぎのように求められる．

$$A = -\frac{1}{2}a^2 S, \quad C_2 = \frac{1}{2}a^2 S, \quad C_4 = -\frac{1}{4}a^4 S$$

結局，問題 B の解は

$$\begin{cases} \sigma_{rr}^{(\mathrm{B})} = -\frac{1}{2}\left(\frac{a}{r}\right)^2 S + \left(\frac{a}{r}\right)^2 \left\{\frac{3}{2}\left(\frac{a}{r}\right)^2 - 2\right\} S\cos 2\theta \\ \sigma_{\theta\theta}^{(\mathrm{B})} = -\frac{3}{2}\left(\frac{a}{r}\right)^4 S\cos 2\theta + \frac{1}{2}\left(\frac{a}{r}\right)^2 S \\ \sigma_{r\theta}^{(\mathrm{B})} = \left\{-\left(\frac{a}{r}\right)^2 + \frac{3}{2}\left(\frac{a}{r}\right)^4\right\} S\sin 2\theta \end{cases} \quad (12.19)$$

となる．これと問題 A の解 (12.17) を重ね合せることで，本問題の解が

$$\begin{cases} \sigma_{rr} = \sigma_{rr}^{(A)} + \sigma_{rr}^{(B)} = \dfrac{1}{2}S\left\{1-\left(\dfrac{a}{r}\right)^2\right\}\left[1+\left\{1-3\left(\dfrac{a}{r}\right)^2\right\}\cos 2\theta\right] \\ \sigma_{\theta\theta} = \sigma_{\theta\theta}^{(A)} + \sigma_{\theta\theta}^{(B)} = \dfrac{1}{2}S\left[\left\{1+\left(\dfrac{a}{r}\right)^2\right\} - \left\{1+3\left(\dfrac{a}{r}\right)^4\right\}\cos 2\theta\right] \\ \sigma_{r\theta} = \sigma_{r\theta}^{(A)} + \sigma_{r\theta}^{(B)} = -\dfrac{1}{2}S\left\{1-\left(\dfrac{a}{r}\right)^2\right\}\left\{1+3\left(\dfrac{a}{r}\right)^2\right\}\sin 2\theta \end{cases} \quad (12.20)$$

と得られる．なお，

$$\sigma_{\max} = (\sigma_{\theta\theta})_{\substack{r=a \\ \theta=\pi/2, 3\pi/2}} = 3S \quad (12.21)$$

となり，円孔縁の応力は無限遠方での引張応力 S の 3 倍となる．これは，よく知られている円孔縁での応力集中係数に一致していることがわかる．

12.3 固有解に基づくき裂問題

極座標系下での重調和方程式 (11.18) の別の数学的解法について考える．

これまでのところ，非軸対称問題を解くために変数分離法を利用した．ここでも変数分離法を利用するのであるが，先に用いた関数列 (12.11) の代わりに関数列

$$\phi(r,\theta) = r^{n+1}\exp(ik\theta) \quad (12.22)$$

を用いる．ここで，$i = \sqrt{-1}$ である．

これを重調和方程式に代入すると，

$$\left\{(n+1)^2 - k^2\right\}\left\{(n-1)^2 - k^2\right\}r^{n-3}\exp(ik\theta) = 0$$

という恒等式が得られる．これにより，n と k の組合せは

$$k = n+1, -n-1, n-1, -n+1$$

に限定されることがわかる．よって，実関数としては

$$\left.\begin{array}{l}\exp(i(n+1)\theta) \\ \exp(-i(n+1)\theta)\end{array}\right] \to \cos(n+1)\theta, \quad \sin(n+1)\theta$$

$$\left.\begin{array}{l}\exp(i(n-1)\theta) \\ \exp(-i(n-1)\theta)\end{array}\right] \to \cos(n-1)\theta, \quad \sin(n-1)\theta$$

を考えればよい．

以上により，応力関数は

$$\phi(r,\theta) = r^{n+1}\{A\cos(n+1)\theta + B\sin(n+1)\theta$$
$$+ C\cos(n-1)\theta + D\sin(n-1)\theta\} \quad (12.23)$$

となり，そして応力成分は

$$\begin{cases} \sigma_{rr} = r^{n-1}\{(n+1)F(\theta,n) + F''(\theta,n)\} \\ \sigma_{\theta\theta} = r^{n-1}(n+1)nF(\theta,n) \\ \sigma_{r\theta} = -r^{n-1}nF'(\theta,n) \end{cases} \quad (12.24)$$

となる．ここで，

$$F(\theta,n) = A\cos(n+1)\theta + B\sin(n+1)\theta$$
$$+ C\cos(n-1)\theta + D\sin(n-1)\theta \quad (12.25)$$

である．また，$F'(\theta,n) = dF/d\theta$, $F''(\theta,n) = d^2F/d\theta^2$ である．以上が極座標系における応力関数と応力成分の一般解となる．

この解を利用して，図 12.5 に示すようなコーナー部の頂点近傍に生じる応力分布について調べてみよう．この問題の境界条件は

$$\sigma_{\theta\theta}(r,\pm\alpha) = 0, \quad \sigma_{r\theta}(r,\pm\alpha) = 0 \quad (12.26)$$

である．ここで注意すべきは，図 12.5 には斜面に沿って表面力が書かれていないことである．実際には，式 (12.26) の各条件式の右辺に表面力が書かれていなければ，応力分布は生じないが，後で見るように，右辺をゼロとおいて，応力分布としてとりうるあらゆる形状を調べることがある．これは，振動問題において，外力をゼロとし，その問題のとりうるあらゆる固有値を求めるときと同様の方法である．

応力成分の式 (12.24) を境界条件 (12.26) に代入してみると，つぎのような同次連

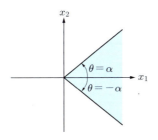

図 12.5 コーナー部の頂点近傍

立方程式が得られる．

$$\begin{cases} A\cos(n+1)\alpha + B\sin(n+1)\alpha \\ \quad + C\cos(n-1)\alpha + D\sin(n-1)\alpha = 0 & \text{(a)} \\ A\cos(n+1)\alpha - B\sin(n+1)\alpha \\ \quad + C\cos(n-1)\alpha - D\sin(n-1)\alpha = 0 & \text{(b)} \\ -A(n+1)\sin(n+1)\alpha + B(n+1)\cos(n+1)\alpha \\ \quad - C(n-1)\sin(n-1)\alpha + D(n-1)\cos(n-1)\alpha = 0 & \text{(c)} \\ A(n+1)\sin(n+1)\alpha + B(n+1)\cos(n+1)\alpha \\ \quad + C(n-1)\sin(n-1)\alpha + D(n-1)\cos(n-1)\alpha = 0 & \text{(d)} \end{cases}$$

ここで，係数 A, B, C, D を求めてみる．このために，以下のように，それぞれの式の和と差をとり，(a) + (b)，(a) − (b)，(c) + (d)，(c) − (d) にまとめ直す．

$$A\cos(n+1)\alpha + C\cos(n-1)\alpha = 0 \tag{a'}$$

$$B\sin(n+1)\alpha + D\sin(n-1)\alpha = 0 \tag{b'}$$

$$B(n+1)\cos(n+1)\alpha + D(n-1)\cos(n-1)\alpha = 0 \tag{c'}$$

$$A(n+1)\sin(n+1)\alpha + C(n-1)\sin(n-1)\alpha = 0 \tag{d'}$$

これらを，つぎのように行列を用いて方程式にまとめる．

$$\begin{pmatrix} \cos(n+1)\alpha & \cos(n-1)\alpha \\ (n+1)\sin(n+1)\alpha & (n-1)\sin(n-1)\alpha \end{pmatrix} \begin{Bmatrix} A \\ C \end{Bmatrix} = 0$$

$$\begin{pmatrix} \sin(n+1)\alpha & \sin(n-1)\alpha \\ (n+1)\cos(n+1)\alpha & (n-1)\cos(n-1)\alpha \end{pmatrix} \begin{Bmatrix} B \\ D \end{Bmatrix} = 0$$

ここで，$(A, B, C, D) \neq (0, 0, 0, 0)$ である非自明な解をもつためには，上の行列方程式の少なくとも一方で「行列式 $= 0$」でなければならないので，

$$\sin(2n\alpha) \pm n\sin(2\alpha) = 0 \tag{12.27}$$

を得る．この式を満足するような n 値を応力成分式 (12.24) に代入すればよい．これを**固有解** (eigen solutions) という．なお，ここで示した方法は，振動問題において固有振動数を求めるのと形式的には同じであることに気づくであろう．

特別な例として，$\alpha = \pi$ について考えよう．これはき裂形状に対応する．すると，

式 (12.27) は $\sin(2n\pi) = 0$ となり,これを満足する n は $2n\pi = m\pi$ $(m = 1, 2, \cdots)$ の条件を満たすときのみである.すなわち,つぎのときである.

$$n = \frac{1}{2}m \quad (m = 1, 2, \cdots) \tag{12.28}$$

ここで,$m = 0$ については応力成分 $\sigma_{\theta\theta}$ と $\sigma_{r\theta}$ がゼロとなるため除外した.さらに,$m < 0$ についても除外した.除外した詳しい数学的根拠は割愛するが,後に示す応力成分からき裂開口変位を計算してみるとわかるように,$m < 0$ を許した場合,き裂先端でき裂開口変位が特異性をもち,このことが物理的に受け入れられないことによる.

式 (12.28) を行列方程式に代入すると,係数関係は

(i) $m = 1, 3, 5, \ldots$ のとき

$$A = -\left(\frac{m-2}{m+2}\right)C, \quad B = -D$$

(ii) $m = 2, 4, 6, \ldots$ のとき

$$A = -C, \quad B = -\left(\frac{m-2}{m+2}\right)D$$

となる.

よって,式 (12.25) は

(i) $m = 1, 3, 5, \ldots$ のとき

$$F(\theta, m) = C\left\{\cos\left(\frac{m}{2} - 1\right)\theta - \left(\frac{m-2}{m+2}\right)\cos\left(\frac{m}{2} + 1\right)\theta\right\}$$
$$+ D\left\{\sin\left(\frac{m}{2} - 1\right)\theta - \sin\left(\frac{m}{2} + 1\right)\theta\right\}$$

(ii) $m = 2, 4, 6, \ldots$ のとき

$$F(\theta, m) = C\left\{\cos\left(\frac{m}{2} - 1\right)\theta - \cos\left(\frac{m}{2} + 1\right)\theta\right\}$$
$$+ D\left\{\sin\left(\frac{m}{2} - 1\right)\theta - \left(\frac{m-2}{m+2}\right)\sin\left(\frac{m}{2} + 1\right)\theta\right\}$$

となる.これを式 (12.24) に代入することで,応力成分がつぎのように得られる.

(i) $m = 1, 3, 5, \ldots$ のとき

$$\begin{cases} \sigma_{\theta\theta} = \dfrac{m}{2}\dfrac{m+2}{2}r^{\frac{m}{2}-1}\left[\begin{array}{l} C\left\{\cos\left(\dfrac{m}{2}-1\right)\theta - \left(\dfrac{m-2}{m+2}\right)\cos\left(\dfrac{m}{2}+1\right)\theta\right\} \\ + D\left\{\sin\left(\dfrac{m}{2}-1\right)\theta - \sin\left(\dfrac{m}{2}+1\right)\theta\right\} \end{array}\right] \\ \sigma_{r\theta} = -\dfrac{m}{2}r^{\frac{m}{2}-1}\left[\begin{array}{l} C\left\{-\left(\dfrac{m}{2}-1\right)\sin\left(\dfrac{m}{2}-1\right)\theta + \left(\dfrac{m}{2}-1\right)\sin\left(\dfrac{m}{2}+1\right)\theta\right\} \\ + D\left\{\left(\dfrac{m}{2}-1\right)\cos\left(\dfrac{m}{2}-1\right)\theta - \left(\dfrac{m}{2}+1\right)\cos\left(\dfrac{m}{2}+1\right)\theta\right\} \end{array}\right] \end{cases}$$

(ii) $m = 2, 4, 6, \ldots$ のとき

$$\begin{cases} \sigma_{\theta\theta} = \dfrac{m}{2}\dfrac{m+2}{2}r^{\frac{m}{2}-1}\left[\begin{array}{l} C\left\{\cos\left(\dfrac{m}{2}-1\right)\theta - \cos\left(\dfrac{m}{2}+1\right)\theta\right\} \\ + D\left\{\sin\left(\dfrac{m}{2}-1\right)\theta - \left(\dfrac{m-2}{m+2}\right)\sin\left(\dfrac{m}{2}+1\right)\theta\right\} \end{array}\right] \\ \sigma_{r\theta} = -\dfrac{m}{2}r^{\frac{m}{2}-1}\left[\begin{array}{l} C\left\{-\left(\dfrac{m}{2}-1\right)\sin\left(\dfrac{m}{2}-1\right)\theta + \left(\dfrac{m}{2}+1\right)\sin\left(\dfrac{m}{2}+1\right)\theta\right\} \\ + D\left\{\left(\dfrac{m}{2}-1\right)\cos\left(\dfrac{m}{2}-1\right)\theta - \left(\dfrac{m}{2}-1\right)\cos\left(\dfrac{m}{2}+1\right)\theta\right\} \end{array}\right] \end{cases}$$

これらの解は特定の m に対する一般解であるため，一般の応力成分は，これらの一般解を重ね合せたつぎの形で与えられなければならない．

$$\begin{cases} \sigma_{\theta\theta} = \sum_{m=1,3,5,\ldots} \dfrac{m}{2}\dfrac{m+2}{2}r^{\frac{m}{2}-1}\left[\begin{array}{l} C_m\left\{\cos\left(\dfrac{m}{2}-1\right)\theta - \left(\dfrac{m-2}{m+2}\right)\cos\left(\dfrac{m}{2}+1\right)\theta\right\} \\ + D_m\left\{\sin\left(\dfrac{m}{2}-1\right)\theta - \sin\left(\dfrac{m}{2}+1\right)\theta\right\} \end{array}\right] \\ \quad + \sum_{m=2,4,6,\ldots} \dfrac{m}{2}\dfrac{m+2}{2}r^{\frac{m}{2}-1}\left[\begin{array}{l} C_m\left\{\cos\left(\dfrac{m}{2}-1\right)\theta - \cos\left(\dfrac{m}{2}+1\right)\theta\right\} \\ + D_m\left\{\sin\left(\dfrac{m}{2}-1\right)\theta - \left(\dfrac{m-2}{m+2}\right)\sin\left(\dfrac{m}{2}+1\right)\theta\right\} \end{array}\right] \\ \sigma_{r\theta} = -\sum_{m=1,3,5,\ldots} \dfrac{m}{2}r^{\frac{m}{2}-1}\left[\begin{array}{l} C_m\left\{-\left(\dfrac{m}{2}-1\right)\sin\left(\dfrac{m}{2}-1\right)\theta + \left(\dfrac{m}{2}-1\right)\sin\left(\dfrac{m}{2}+1\right)\theta\right\} \\ + D_m\left\{\left(\dfrac{m}{2}-1\right)\cos\left(\dfrac{m}{2}-1\right)\theta - \left(\dfrac{m}{2}+1\right)\cos\left(\dfrac{m}{2}+1\right)\theta\right\} \end{array}\right] \\ \quad - \sum_{m=2,4,6,\ldots} \dfrac{m}{2}r^{\frac{m}{2}-1}\left[\begin{array}{l} C_m\left\{-\left(\dfrac{m}{2}-1\right)\sin\left(\dfrac{m}{2}-1\right)\theta + \left(\dfrac{m}{2}+1\right)\sin\left(\dfrac{m}{2}+1\right)\theta\right\} \\ + D_m\left\{\left(\dfrac{m}{2}-1\right)\cos\left(\dfrac{m}{2}-1\right)\theta - \left(\dfrac{m}{2}-1\right)\cos\left(\dfrac{m}{2}+1\right)\theta\right\} \end{array}\right] \end{cases} \tag{12.29}$$

ここで，$C \to C_m$, $D \to D_m$ のように置き換えた．とくに，$m=1$ の項がほかの項に比べてき裂先端近傍で応力が最も高いため，この項に注目すると，

$$\sigma_{\theta\theta} = \dfrac{1}{4\sqrt{r}}\left\{C_1\left(3\cos\dfrac{\theta}{2} + \cos\dfrac{3}{2}\theta\right) - D_1\left(3\sin\dfrac{\theta}{2} + 3\sin\dfrac{3}{2}\theta\right)\right\} \tag{12.30}$$

を得る．これがき裂先端近傍での応力分布となる．これは破壊力学において最も重要な式である．この式からわかることは，き裂先端では応力が無限大となること，そして，先端から離れるにつれて $1/\sqrt{r}$ の形で減少していくことである．これを**応力特異性** (stress singularity) という．

12 章のまとめ

- 引張応力を受ける円孔の応力集中問題

$$\begin{cases} \sigma_{rr} = \dfrac{1}{2}S\left\{1-\left(\dfrac{a}{r}\right)^2\right\}\left[1+\left\{1-3\left(\dfrac{a}{r}\right)^2\right\}\cos 2\theta\right] \\ \sigma_{\theta\theta} = \dfrac{1}{2}S\left[\left\{1+\left(\dfrac{a}{r}\right)^2\right\}-\left\{1+3\left(\dfrac{a}{r}\right)^4\right\}\cos 2\theta\right] \\ \sigma_{r\theta} = -\dfrac{1}{2}S\left\{1-\left(\dfrac{a}{r}\right)^2\right\}\left\{1+3\left(\dfrac{a}{r}\right)^2\right\}\sin 2\theta \end{cases}$$

$$\sigma_{\max} = (\sigma_{\theta\theta})_{\substack{r=a \\ \theta=\pi/2, 3\pi/2}} = 3S$$

- き裂の応力集中問題

$$\sigma_{\theta\theta} = \dfrac{1}{4\sqrt{r}}\left\{C_1\left(3\cos\dfrac{\theta}{2}+\cos\dfrac{3}{2}\theta\right) - D_1\left(3\sin\dfrac{\theta}{2}+3\sin\dfrac{3}{2}\theta\right)\right\}$$

演習問題

12–1 図 12.6 に示すような，内半径 $r=a$，外半径 $r=b$ の円環について考える．この円環の一部を微小角度 α だけ開くように切断した．その後，切断した端面を接合した．このとき，端点に図に示すような曲げモーメント M_0 を作用させなければならないことがわ

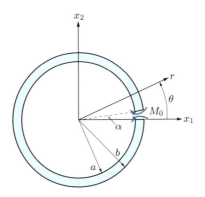

図 12.6 一端が切断された円環

かった．この曲げモーメントを求めよ．また，接合後に円環に生じる応力成分も求めよ．

12–2 図 12.7 に示す曲がりはりの端面に垂直力が作用しているとき，曲がりはりに生じる応力成分を求めよ．本問題では，応力関数をつぎのようにおいてみるとよい．

$$\phi = f(r)\cos\theta$$

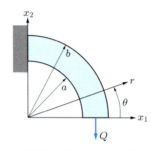

図 12.7　端面に垂直力を受ける曲がりはり

12–3 図 12.8 に示すような集中荷重を受けるときに半無限体に生じる応力成分は，つぎのような応力関数を用いることで得られることがわかっている．

$$\phi = -\frac{P}{\pi}r\theta\cos\theta$$

この応力関数によって得られる応力成分は，直角座標系において求めた式 (8.43) に一致することを示せ．

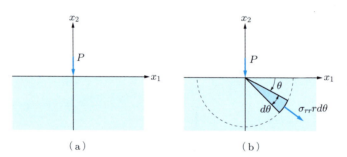

図 12.8　集中荷重を受ける半無限体

13 平板の曲げ問題の基礎式

　材料力学では，横荷重を受けるはりのたわみについて学習した．弾性力学では，このような問題は平面応力問題とみなされる．一方，航空機の機体や翼を考えてみると，これらの部品は厚さが薄い平板と見なすことができる．そして，これらの平板は，圧力や集中荷重を受けてたわむことになる．このようにして，弾性力学では，はりのたわみ問題が平板の曲げ問題に拡張される．そこで本章では，平板が横荷重を受けるときのたわみについて計算するのに必要な基礎式を導く．

13.1　材料力学におけるはりの曲げ問題と基礎式

　平板の曲げ問題に必要となる基礎式の導出に先立ち，材料力学におけるはりの曲げ問題をふり返っておく．得られる結果は重要ではない．導く過程に注意してほしい．
　図 13.1 に示す分布荷重を受けるはりの問題について考える．微小要素の概念と極限操作に従って，はりの一部から図に示すような微小要素を切り出す．なお，はりの厚さは 1 とする．微小要素には，図に示すようなせん断力，曲げモーメント，分布荷重が作用している．このとき，微小要素の力のつり合いの式は

$$\sum Z_{x_3 軸方向} = (Q_1 + \Delta Q_1) - Q_1 + p(x_1)\Delta x_1 = 0$$

であり，この式を整理するとともに極限操作を施すことで，つぎの微分方程式が得られる．

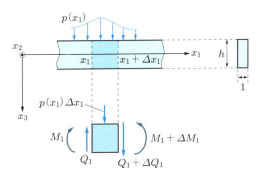

図 13.1　分布荷重を受けるはりの問題

$$\frac{dQ_1}{dx_1} + p(x_1) = 0 \tag{13.1}$$

つぎに,モーメントのつり合いの式は,微小要素の左端を回転中心とした x_2 軸まわりで考えると,

$$\sum M_{x_2\text{軸まわり}} = (M_1 + \Delta M_1) - M_1 - (Q_1 + \Delta Q_1)\Delta x_1 - p(x_1)\Delta x_1 \frac{\Delta x_1}{2} = 0$$

であり,辺々を Δx_1 で割った後,微小項を無視するとともに極限操作を施して,

$$\frac{dM_1}{dx_1} - Q_1 = 0 \tag{13.2}$$

を得る.式 (13.2) を式 (13.1) に代入して,

$$\frac{d^2 M_1}{dx_1^2} + p(x_1) = 0 \tag{13.3}$$

が得られる.

はりの中立軸から η 離れた位置での水平方向変位 u は,図 13.2(b) に示すような直角三角形に対して相似関係を考えると,

$$\eta\alpha = -u$$

となる.ただし,たわみ w が小さいことから,η を x_3 と置き換えて,

$$u = -x_3\alpha = -x_3\frac{dw}{dx_1} \tag{13.4}$$

である.また,フックの法則より,

$$\sigma_{11} = E\varepsilon_{11} = E\frac{du}{dx_1}$$

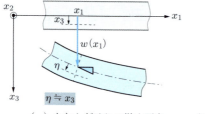

(a) たわんだはりの微小要素　　(b) 相似関係と水平変位

図 13.2　はりに生じる水平方向の変位

であり，式 (13.4) を代入して，

$$\sigma_{11} = -Ex_3 \frac{d^2w}{dx_1^2} \tag{13.5}$$

を得る．

はりの任意断面における曲げモーメント M_1 は，この垂直応力と中立軸からの距離の積を断面にわたって積分すれば得られる．すなわち，

$$M_1 = \int_{-\frac{h}{2}}^{\frac{h}{2}} \sigma_{11} x_3 \cdot 1 \cdot dx_3 = \int_{-\frac{h}{2}}^{\frac{h}{2}} \left(-Ex_3 \frac{d^2w}{dx_1^2}\right) x_3 \cdot 1 \cdot dx_3$$

$$= -E\frac{d^2w}{dx_1^2} \int_{-\frac{h}{2}}^{\frac{h}{2}} (x_3)^2 \cdot 1 \cdot dx_3$$

である．積分の項は断面二次モーメント I であることから，

$$M_1 = -EI\frac{d^2w}{dx_1^2} \tag{13.6}$$

となる．式 (13.6) を式 (13.3) に代入して，はりのたわみの微分方程式として，

$$\frac{d^4w}{dx_1^4} = \frac{p(x_1)}{EI} \tag{13.7}$$

が得られる．ここで，EI を**はりの曲げ剛性** (flexural rigidity of beam) という．

13.2 平板の曲げ問題の基礎式

図 13.3 に示すような厚さ h の**平板** (plate) について考える．この平板はその表面に任意分布荷重 $p = p(x_1, x_2)$ を受けている．このとき，この平板に生じるたわみ

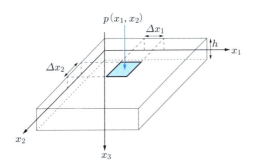

図 13.3 分布荷重を受ける平板

$w = w(x_1, x_2)$ を求めるのに必要となる基礎式を導く．手順は，先に示した材料力学におけるはりのたわみの場合とほとんど同じである．

平板において，図 13.3 の色付き部分のような微小要素を切り出して考える．微小要素を図 13.4 に示す．図 (a) は分布荷重とせん断力，図 (b) は曲げモーメント，図 (c) はねじりモーメントを示している．ここでは，いずれも単位幅あたりの量である．まず，図 (a) から，力のつり合いの式は

$$\sum Z_{x_3 \text{軸方向}} = (Q_1 + \Delta Q_1)\Delta x_2 - Q_1 \Delta x_2$$
$$+ (Q_2 + \Delta Q_2)\Delta x_1 - Q_2 \Delta x_1 + p \Delta x_1 \Delta x_2 = 0$$

であり，式を整理するとともに極限操作を施すと，次式を得る．

$$\frac{\partial Q_1}{\partial x_1} + \frac{\partial Q_2}{\partial x_2} + p = 0 \tag{13.8}$$

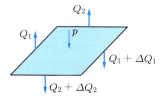

（a）分布荷重およびせん断力

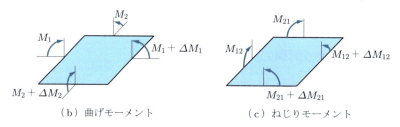

（b）曲げモーメント　　　　（c）ねじりモーメント

図 13.4　平板中の微小要素に作用する力とモーメント

つぎに，x_1 軸まわりのモーメントのつり合いの式は

$$\sum M_{x_1 \text{軸まわり}} = -(M_2 + \Delta M_2)\Delta x_1 + M_2 \Delta x_1 - M_{12} \Delta x_2 + (M_{12} + \Delta M_{12})\Delta x_2$$
$$+ (Q_2 + \Delta Q_2)\Delta x_1 \Delta x_2 + (Q_1 + \Delta Q_1)\Delta x_2 \frac{\Delta x_2}{2} - Q_1 \Delta x_2 \frac{\Delta x_2}{2}$$
$$+ p \Delta x_1 \Delta x_2 \frac{\Delta x_2}{2} = 0$$

であり，また，x_2 軸まわりのモーメントのつり合いの式は

$$\sum M_{x_2 \text{軸まわり}} = (M_1 + \Delta M_1) \Delta x_2 - M_1 \Delta x_2 - M_{21} \Delta x_1 + (M_{21} + \Delta M_{21}) \Delta x_1$$
$$- (Q_1 + \Delta Q_1) \Delta x_2 \Delta x_1 - (Q_2 + \Delta Q_2) \Delta x_1 \frac{\Delta x_1}{2} + Q_2 \Delta x_1 \frac{\Delta x_1}{2}$$
$$- p \Delta x_1 \Delta x_2 \frac{\Delta x_1}{2} = 0$$

である．これらの式を整理するとともに極限操作を施すと，つぎのようになる．

$$-\frac{\partial M_{12}}{\partial x_1} + \frac{\partial M_2}{\partial x_2} - Q_2 = 0 \tag{13.9}$$

$$\frac{\partial M_1}{\partial x_1} + \frac{\partial M_{21}}{\partial x_2} - Q_1 = 0 \tag{13.10}$$

式 (13.9) と式 (13.10) を式 (13.8) に代入して，

$$\frac{\partial^2 M_1}{\partial x_1^2} + \frac{\partial^2 M_{21}}{\partial x_2 \partial x_1} - \frac{\partial^2 M_{12}}{\partial x_1 \partial x_2} + \frac{\partial^2 M_2}{\partial x_2^2} + p = 0$$

を得る．ここで，図 13.4(c) より $M_{12} = -M_{21}$ であるから，

$$\frac{\partial^2 M_1}{\partial x_1^2} + 2\frac{\partial^2 M_{21}}{\partial x_1 \partial x_2} + \frac{\partial^2 M_2}{\partial x_2^2} + p = 0 \tag{13.11}$$

となる．

つぎに，平板面内に平行方向の変位を (u, v) とすると，式 (13.4) より，

$$u = -x_3 \frac{\partial w}{\partial x_1}, \quad v = -x_3 \frac{\partial w}{\partial x_2} \tag{13.12}$$

である．よって，ひずみ成分は

$$\begin{cases} \varepsilon_{11} = \dfrac{\partial u}{\partial x_1} = -x_3 \dfrac{\partial^2 w}{\partial x_1^2} \\ \varepsilon_{22} = \dfrac{\partial v}{\partial x_2} = -x_3 \dfrac{\partial^2 w}{\partial x_2^2} \\ \gamma_{12} = \dfrac{\partial u}{\partial x_2} + \dfrac{\partial v}{\partial x_1} = -2x_3 \dfrac{\partial^2 w}{\partial x_1 \partial x_2} \end{cases}$$

となる．ここで薄い板を対象にすれば，平面応力状態を仮定でき，フックの法則により，

$$\begin{cases} \sigma_{11} = \dfrac{E}{1-\nu^2}(\varepsilon_{11} + \nu\varepsilon_{22}) = -\dfrac{E}{1-\nu^2}\left(\dfrac{\partial^2 w}{\partial x_1^2} + \nu\dfrac{\partial^2 w}{\partial x_2^2}\right)x_3 \\ \sigma_{22} = \dfrac{E}{1-\nu^2}(\varepsilon_{22} + \nu\varepsilon_{11}) = -\dfrac{E}{1-\nu^2}\left(\dfrac{\partial^2 w}{\partial x_2^2} + \nu\dfrac{\partial^2 w}{\partial x_1^2}\right)x_3 \\ \sigma_{12} = G\gamma_{12} = G\left(\dfrac{\partial u}{\partial x_2} + \dfrac{\partial v}{\partial x_1}\right) = -2G\dfrac{\partial^2 w}{\partial x_1 \partial x_2}x_3 \end{cases} \quad (13.13)$$

のようになる.

平板の断面に生じている曲げモーメント,ねじりモーメントは

$$\begin{cases} M_1 = \displaystyle\int_{-\frac{h}{2}}^{\frac{h}{2}} \sigma_{11} x_3\, dx_3 \\ M_2 = \displaystyle\int_{-\frac{h}{2}}^{\frac{h}{2}} \sigma_{22} x_3\, dx_3 \\ M_{21} = \displaystyle\int_{-\frac{h}{2}}^{\frac{h}{2}} \sigma_{21} x_3\, dx_3 = \displaystyle\int_{-\frac{h}{2}}^{\frac{h}{2}} \sigma_{12} x_3\, dx_3 = -M_{12} \end{cases} \quad (13.14)$$

である.式 (13.13) を式 (13.14) に代入して計算すると,

$$\begin{cases} M_1 = -D\left(\dfrac{\partial^2 w}{\partial x_1^2} + \nu\dfrac{\partial^2 w}{\partial x_2^2}\right) \\ M_2 = -D\left(\dfrac{\partial^2 w}{\partial x_2^2} + \nu\dfrac{\partial^2 w}{\partial x_1^2}\right) \\ M_{21} = -M_{12} = -(1-\nu)D\dfrac{\partial^2 w}{\partial x_1 \partial x_2} \end{cases} \quad (13.15)$$

となる.さらに,式 (13.15) を式 (13.11) に代入すると,平板の曲げ問題のためのたわみの微分方程式

$$\dfrac{\partial^4 w}{\partial x_1^4} + 2\dfrac{\partial^4 w}{\partial x_1^2 \partial x_2^2} + \dfrac{\partial^4 w}{\partial x_2^4} = \dfrac{p}{D} \quad (13.16)$$

を得る.これは,材料力学におけるはりの基礎式 (13.7) と同様の形をしていることがわかる.また,

$$D = \dfrac{Eh^3}{12(1-\nu^2)} \quad (13.17)$$

であり,これは**平板の曲げ剛性** (flexural rigidity of plate) とよばれる.なお,はりの場合にこの D に対応するのは,

$$EI = \frac{Eh^3}{12}$$

である．

13.3 円板の軸対称曲げ問題の基礎式

図 13.5 に示す圧力 p を受ける円板の曲げ問題について考える．円板の中心を原点に円柱座標系 (r, θ, x_3) をとる．ここでは簡単のために，圧力 p は一様に作用しているものとする．これにより，円板の曲げ問題は軸対称曲げ問題となる．円板の一部から図に示すような微小要素を切り出して考える．図 13.6 に，この微小要素に作用しうるせん断力と曲げモーメントを示す．

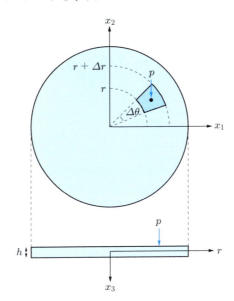

図 13.5 軸対称分布荷重を受ける円板

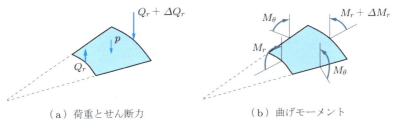

(a) 荷重とせん断力 　　　　(b) 曲げモーメント

図 13.6 平板中の微小要素に作用する力とモーメント

この微小要素に対する力のつり合いより，

$$\sum Z_{x_3\text{軸方向}} = (Q_r + \Delta Q_r)(r + \Delta r)\Delta\theta - Q_r r\Delta\theta + pr\Delta\theta\Delta r = 0$$

が成り立ち，この式を整理するとともに極限操作を施すと，次式を得る．

$$\frac{dQ_r}{dr} + \frac{Q_r}{r} + p = 0 \tag{13.18}$$

つぎに，$r = r$ 面を中心に θ 軸まわりのモーメントのつり合いより，

$$\sum M_{\theta\text{軸まわり}} = -(M_r + \Delta M_r)(r + \Delta r)\Delta\theta + M_r r\Delta\theta + pr\Delta\theta\Delta r\frac{\Delta r}{2}$$
$$+ 2M_\theta\frac{\Delta\theta}{2}\Delta r + (Q_r + \Delta Q_r)(r + \Delta r)\Delta\theta\Delta r = 0$$

であり，この式を整理するとともに極限操作を施すと，次式を得る．

$$r\frac{dM_r}{dr} + M_r - M_\theta - rQ_r = 0 \tag{13.19}$$

これにより，せん断力は

$$Q_r = \frac{dM_r}{dr} + \frac{1}{r}(M_r - M_\theta)$$

となる．これを式 (13.18) に代入すると，つぎのようになる．

$$\frac{d^2M_r}{dr^2} + 2\frac{1}{r}\frac{dM_r}{dr} - \frac{1}{r}\frac{dM_\theta}{dr} + p = 0 \tag{13.20}$$

式 (13.4) により，円板の鉛直下向き方向へのたわみ w による半径方向変位は

$$u_r = -x_3\frac{dw}{dr} \tag{13.21}$$

となる．ひずみと変位の関係は，式 (9.1) に式 (13.21) を代入することで，つぎのようになる．

$$\begin{cases} \varepsilon_{rr} = -x_3\dfrac{d^2w}{dr^2} \\ \varepsilon_{\theta\theta} = -x_3\dfrac{1}{r}\dfrac{dw}{dr} \end{cases} \tag{13.22}$$

ここで，薄い板を対象にすれば，平面応力状態でのフックの法則 (9.4) に式 (13.22) を代入して，

$$\begin{cases} \sigma_{rr} = -\dfrac{E}{1-\nu^2}\left(\dfrac{d^2 w}{dr^2} + \nu \dfrac{1}{r}\dfrac{dw}{dr}\right) x_3 \\ \sigma_{\theta\theta} = -\dfrac{E}{1-\nu^2}\left(\dfrac{1}{r}\dfrac{dw}{dr} + \nu \dfrac{d^2 w}{dr^2}\right) x_3 \end{cases} \tag{13.23}$$

が得られる．円板の断面に生じている曲げモーメントは，垂直応力とつぎのように相互に関係付けられる．

$$\begin{cases} M_r = \displaystyle\int_{-\frac{h}{2}}^{\frac{h}{2}} \sigma_{rr} x_3 \, dx_3 \\ M_\theta = \displaystyle\int_{-\frac{h}{2}}^{\frac{h}{2}} \sigma_{\theta\theta} x_3 \, dx_3 \end{cases} \tag{13.24}$$

式 (13.24) に式 (13.23) を代入して，

$$\begin{cases} M_r = -D\left(\dfrac{d^2 w}{dr^2} + \nu \dfrac{1}{r}\dfrac{dw}{dr}\right) \\ M_\theta = -D\left(\dfrac{1}{r}\dfrac{dw}{dr} + \nu \dfrac{d^2 w}{dr^2}\right) \end{cases} \tag{13.25}$$

となる．そして，式 (13.25) を式 (13.20) に代入して，円板の曲げ問題のためのたわみの微分方程式

$$\frac{1}{r}\frac{d}{dr}\left[r\frac{d}{dr}\left\{\frac{1}{r}\frac{d}{dr}\left(r\frac{dw}{dr}\right)\right\}\right] = \frac{p}{D} \tag{13.26}$$

を得る．この微分方程式は簡単に解くことができ，その一般解は

$$w = \frac{pr^4}{64D} + \frac{1}{4}C_1 r^2 (\ln r - 1) + \frac{1}{4}C_2 r^2 + C_3 \ln r + C_4 \tag{13.27}$$

となる．これを式 (13.25) に代入して，曲げモーメントはつぎのようになる．

$$\begin{cases} M_r = -D\left[\dfrac{3+\nu}{16}\dfrac{pr^2}{D} + \dfrac{1}{4}C_1\{2(1+\nu)\ln r + (1-\nu)\} + \dfrac{1+\nu}{2}C_2 - \dfrac{1-\nu}{r^2}C_3\right] \\ M_\theta = -D\left[\dfrac{1+3\nu}{16}\dfrac{pr^2}{D} + \dfrac{1}{4}C_1\{2(1+\nu)\ln r - (1-\nu)\} + \dfrac{1+\nu}{2}C_2 + \dfrac{1-\nu}{r^2}C_3\right] \end{cases}$$
$$\tag{13.28}$$

なお，ここでは一般解を求めるに留めたが，式 (13.27) における定数 $C_1 \sim C_4$ は，円板をどのように支持するか，といった境界条件によって決められることになる．

13章のまとめ

- 平板の曲げ問題のためのたわみの微分方程式

$$\frac{\partial^4 w}{\partial x_1^4} + 2\frac{\partial^4 w}{\partial x_1^2 \partial x_2^2} + \frac{\partial^4 w}{\partial x_2^4} = \frac{p}{D}$$

　　平板の曲げ剛性

$$D = \frac{Eh^3}{12(1-\nu^2)}$$

- 平板の曲げ問題の曲げモーメント

$$\begin{cases} M_1 = -D\left(\dfrac{\partial^2 w}{\partial x_1^2} + \nu \dfrac{\partial^2 w}{\partial x_2^2}\right) \\[2mm] M_2 = -D\left(\dfrac{\partial^2 w}{\partial x_2^2} + \nu \dfrac{\partial^2 w}{\partial x_1^2}\right) \\[2mm] M_{21} = -M_{12} = -(1-\nu)D\dfrac{\partial^2 w}{\partial x_1 \partial x_2} \end{cases}$$

- 円板の曲げ問題のためのたわみの微分方程式

$$\frac{1}{r}\frac{d}{dr}\left[r\frac{d}{dr}\left\{\frac{1}{r}\frac{d}{dr}\left(r\frac{dw}{dr}\right)\right\}\right] = \frac{p}{D}$$

　　一般解は $w = \dfrac{pr^4}{64D} + \dfrac{1}{4}C_1 r^2 (\ln r - 1) + \dfrac{1}{4}C_2 r^2 + C_3 \ln r + C_4$

- 円板の曲げ問題の曲げモーメント

$$\begin{cases} M_r = -D\left[\dfrac{3+\nu}{16}\dfrac{pr^2}{D} + \dfrac{1}{4}C_1\{2(1+\nu)\ln r + (1-\nu)\} + \dfrac{1+\nu}{2}C_2 - \dfrac{1-\nu}{r^2}C_3\right] \\[2mm] M_\theta = -D\left[\dfrac{1+3\nu}{16}\dfrac{pr^2}{D} + \dfrac{1}{4}C_1\{2(1+\nu)\ln r - (1-\nu)\} + \dfrac{1+\nu}{2}C_2 + \dfrac{1-\nu}{r^2}C_3\right] \end{cases}$$

演習問題

13–1 以下の条件で支持されている等分布荷重 p を受ける半径 a の円板のたわみと曲げモーメントを求めよ．

（1） 周辺単純支持（$w|_{r=a} = 0, M_r|_{r=a} = 0$）の場合

（2） 周辺固定支持（$w|_{r=a} = 0, \left.\dfrac{dw}{dr}\right|_{r=a} = 0$）の場合

13–2 周辺でモーメント M_0 を受ける半径 a の円板のたわみを求めよ．なお，周辺は単純支持されているものとする．

14 平板の曲げ問題の解法

13 章では，平板と円板の曲げ問題のためのたわみの微分方程式を導出した．とくに，円板の曲げ問題については，軸対称分布荷重に限定していくつかの問題を解いてきた．本章では，より一般的な問題である分布荷重を受ける平板問題の解法について説明する．

14.1 三角関数で表された分布荷重を受ける周辺単純支持平板の問題

図 14.1 に示すような，長さ a，幅 b の長方形平板について考える．この平板表面上につぎのような三角関数で表された分布荷重

$$p(x_1, x_2) = p_0 \sin\left(\frac{\pi x_1}{a}\right) \sin\left(\frac{\pi x_2}{b}\right) \tag{14.1}$$

が作用しているものとする．このような分布荷重が作用するとき，平板のたわみの微分方程式は，式 (13.16) より，

$$\frac{\partial^4 w}{\partial x_1^4} + 2\frac{\partial^4 w}{\partial x_1^2 \partial x_2^2} + \frac{\partial^4 w}{\partial x_2^4} = \frac{p_0}{D} \sin\left(\frac{\pi x_1}{a}\right) \sin\left(\frac{\pi x_2}{b}\right) \tag{14.2}$$

となる．この問題の境界条件は，周辺が単純支持されているものとすれば，

$$x_1 = 0, a \text{ にて, } w = 0 \text{ および } M_1 = 0$$

$$x_2 = 0, b \text{ にて, } w = 0 \text{ および } M_2 = 0$$

である．

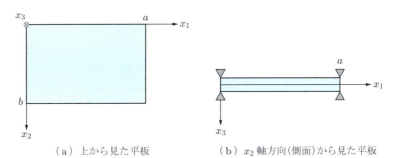

（a）上から見た平板　　（b）x_2 軸方向（側面）から見た平板

図 14.1　周辺単純支持された平板

式 (13.15) より,

$$\begin{cases} M_1 = -D\left(\dfrac{\partial^2 w}{\partial x_1^2} + \nu \dfrac{\partial^2 w}{\partial x_2^2}\right) \\ M_2 = -D\left(\dfrac{\partial^2 w}{\partial x_2^2} + \nu \dfrac{\partial^2 w}{\partial x_1^2}\right) \end{cases}$$

である. $x_1 = 0, a$ に沿って w は一定であることから, $\partial^2 w / \partial x_2^2 = 0$ である. よって,この辺での曲げモーメントは

$$(M_1)_{x_1=0,a} = -D\dfrac{\partial^2 w}{\partial x_1^2}$$

となる. また, $x_2 = 0, b$ に沿って w は一定であることから, $\partial^2 w / \partial x_1^2 = 0$ である. このことから,

$$(M_2)_{x_2=0,b} = -D\dfrac{\partial^2 w}{\partial x_2^2}$$

となる.

いま,たわみ $w = w(x_1, x_2)$ をつぎのように仮定する.

$$w(x_1, x_2) = C \sin\left(\dfrac{\pi x_1}{a}\right) \sin\left(\dfrac{\pi x_2}{b}\right) \tag{14.3}$$

このようにおくことで,境界条件は自動的に満足されることになる. 式 (14.3) を式 (14.2) に代入して,

$$C = \dfrac{p_0}{\pi^4 D \left(\dfrac{1}{a^2} + \dfrac{1}{b^2}\right)^2}$$

を得る. よって,平板に生じるたわみはつぎのようになる.

$$w(x_1, x_2) = \dfrac{p_0}{\pi^4 D \left(\dfrac{1}{a^2} + \dfrac{1}{b^2}\right)^2} \sin\left(\dfrac{\pi x_1}{a}\right) \sin\left(\dfrac{\pi x_2}{b}\right) \tag{14.4}$$

14.2 任意分布荷重を受ける周辺単純支持平板の問題

分布荷重 $p(x_1, x_2)$ がつぎのフーリエ級数で展開できるものとする.

$$p(x_1, x_2) = \sum_{m=1}^{\infty} \sum_{n=1}^{\infty} p_{mn} \sin\left(\dfrac{m\pi x_1}{a}\right) \sin\left(\dfrac{n\pi x_2}{b}\right) \tag{14.5}$$

ここで，
$$p_{mn} = \frac{4}{ab} \int_0^a dx_1 \int_0^b dx_2 \, p(x_1, x_2) \sin\left(\frac{m\pi x_1}{a}\right) \sin\left(\frac{n\pi x_2}{b}\right) \quad (14.6)$$

である．

これにより，平板に生じるたわみはつぎのように求められる．

$$w(x_1, x_2) = \frac{1}{\pi^4 D} \sum_{m=1}^{\infty} \sum_{n=1}^{\infty} \frac{p_{mn}}{\left\{\left(\frac{m}{a}\right)^2 + \left(\frac{n}{b}\right)^2\right\}^2} \sin\left(\frac{m\pi x_1}{a}\right) \sin\left(\frac{n\pi x_2}{b}\right) \quad (14.7)$$

もし分布荷重が一定 $p(x_1, x_2) = p_0$ ならば，

$$p_{mn} = \frac{16 p_0}{\pi^2 mn} \quad (m, n = 1, 3, \ldots) \quad (14.8)$$

であり，よって，

$$w(x_1, x_2) = \frac{16 p_0}{\pi^6 D} \sum_{m=1,3,\ldots}^{\infty} \sum_{n=1,3,\ldots}^{\infty} \frac{1}{mn} \frac{\sin\left(\frac{m\pi x_1}{a}\right) \sin\left(\frac{n\pi x_2}{b}\right)}{\left\{\left(\frac{m}{a}\right)^2 + \left(\frac{n}{b}\right)^2\right\}^2} \quad (14.9)$$

となる．

14.3 部分領域に一定分布荷重を受ける周辺単純支持平板の問題

図 14.2 に示すように，平板に部分的に一定分布荷重が分布しているときの平板の曲げ問題について考える．すなわち，

$$\xi - \frac{v}{2} \leq x_1 \leq \xi + \frac{v}{2} \text{ かつ } \eta - \frac{u}{2} \leq x_2 \leq \eta + \frac{u}{2} \text{ の領域にだけ，}$$

一定分布荷重 $p = p_0$ が作用している

場合である．よって，式 (14.6) は

$$p_{mn} = \frac{4}{ab} \int_{\xi - \frac{v}{2}}^{\xi + \frac{v}{2}} dx_1 \int_{\eta - \frac{u}{2}}^{\eta + \frac{u}{2}} dx_2 \, p_0 \sin\left(\frac{m\pi x_1}{a}\right) \sin\left(\frac{n\pi x_2}{b}\right) \quad (14.10)$$

であり，積分して，

$$p_{mn} = \frac{16 p_0}{\pi^2 mn} \sin\left(\frac{m\pi \xi}{a}\right) \sin\left(\frac{n\pi \eta}{b}\right) \sin\left(\frac{m\pi v}{2a}\right) \sin\left(\frac{n\pi u}{2b}\right) \quad (14.11)$$

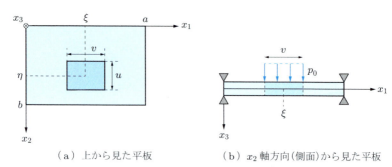

(a) 上から見た平板　　(b) x_2 軸方向(側面)から見た平板

図 14.2　部分領域に一定分布荷重を受ける平板

が得られる．これを式 (14.7) に代入して，平板に生じるたわみが求められる．

つぎに，点 (ξ, η) に集中荷重 P が作用している問題について考えてみる．$P = p_0 uv$ であるから，$u \to 0$, $v \to 0$ の極限を施せば，式 (14.10) は

$$p_{mn} = \frac{4P}{ab} \sin\left(\frac{m\pi\xi}{a}\right) \sin\left(\frac{n\pi\eta}{b}\right) \tag{14.12}$$

となるので，たわみはつぎのようになる．

$$w(x_1, x_2) = \frac{4P}{\pi^4 Dab} \sum_{m=1}^{\infty} \sum_{n=1}^{\infty} \frac{\sin\left(\frac{m\pi\xi}{a}\right) \sin\left(\frac{n\pi\eta}{b}\right)}{\left\{\left(\frac{m}{a}\right)^2 + \left(\frac{n}{b}\right)^2\right\}^2} \sin\left(\frac{m\pi x_1}{a}\right) \sin\left(\frac{n\pi x_2}{b}\right) \tag{14.13}$$

14 章のまとめ

はりの曲げ問題のための基礎式の導出手順に従って，平板の曲げ問題の基礎式を導いた．そして，一様圧力を受ける円板の曲げ問題，分布荷重を受ける平板の曲げ問題，集中荷重を受ける平板の問題の解を求めた．これらの解は，圧力容器や航空機の機体の設計に役立てられることになる．

▶ 演習問題

14–1 図 14.3 に示すような周辺に沿って曲げモーメント M_0 を受ける周辺単純支持の長方形板について考える．長方形板のたわみの微分方程式は

$$\frac{\partial^4 w}{\partial x_1^4} + 2\frac{\partial^4 w}{\partial x_1^2 \partial x_2^2} + \frac{\partial^4 w}{\partial x_2^4} = 0$$

であり，境界条件は

$x_1 = 0, a$ にて，$w = 0$（たわみがゼロ）および $\dfrac{\partial^2 w}{\partial x_1^2} = 0$（曲げモーメントがゼロ）

$x_2 = \pm \dfrac{b}{2}$ にて，$w = 0$（たわみがゼロ）および $M_0 = -D\dfrac{\partial^2 w}{\partial x_2^2}$

となる．このとき，解をつぎのようにおくとき，この長方形板に生じるたわみ w を求めよ．

$$w = \sum_{m=1}^{\infty} f(x_2) \sin\left(\dfrac{m\pi x_1}{a}\right)$$

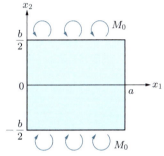

図 14.3 周辺に沿って曲げモーメントを受ける長方形板

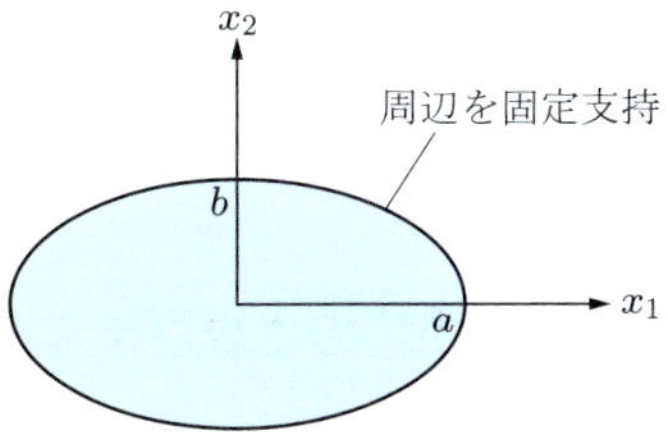

図 14.4 周辺固定された楕円板

14–2 図 14.4 に示すような周辺固定された楕円板の曲げ問題について考える．この楕円板は等分布荷重 p を受けている．このような楕円板の周辺曲線方程式は

$$\left(\dfrac{x_1}{a}\right)^2 + \left(\dfrac{x_2}{b}\right)^2 = 1$$

である．
　一方，周辺は固定されているので，境界条件は

$$w = 0, \quad \dfrac{\partial w}{\partial n} = 0 \quad \text{（周辺上で）}$$

である．ここで，n は周辺の法線方向座標を表す．このような境界条件を満足するためには，たわみをつぎのようにおけばよいことがわかっているものとする．

$$w = C\left\{1 - \left(\dfrac{x_1}{a}\right)^2 - \left(\dfrac{x_2}{b}\right)^2\right\}^2$$

このとき，楕円板に生じるたわみを求めよ．また，楕円板の中心部での曲げモーメント M_1 と M_2 をそれぞれ求めよ．

15 エネルギ原理と近似解法

これまでの章では，弾性体の変形を支配する微分方程式（変位の基礎式，応力の平衡方程式）を導出するとともに，問題に応じた境界条件のもとで変位や応力成分を厳密に求める解法について説明してきた．しかし，厳密な解が得られる問題は限られ，ほとんどの問題では近似解で満足しなければならない．

そこで本章では，支配方程式として微分方程式を用いず，エネルギ原理に基づき積分方程式を導出する方法，および，その近似解法について説明する．これにより，解くことが可能な問題の幅が広がる．さらに，ここで説明される内容は，有限要素解析，境界要素解析といった数値解析技術の基礎を与える．

15.1 工学問題のさまざまな解法

図 15.1 に示す内圧 p を受ける薄板の問題について考えてみる．この薄板の両端は単純支持されているものとする．この薄板に生じるたわみを三つの異なる解法で解いてみる．得られる結果は同じであることが，最後に確認できる．

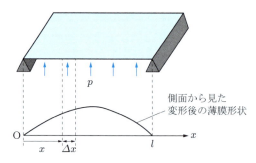

図 15.1 内圧を受ける薄板の変形問題

●15.1.1● 微分方程式による問題の解法

図 15.1 の薄板から図 15.2 に示すように微小要素を切り出し，力のつり合いについて考える．内圧を受けて仮想切断面には張力 T が作用する．まず，点 A の鉛直方向の分力は

$$-T\sin\theta \sim -T\tan\theta = -T\left(\frac{\Delta w}{\Delta x}\right)_{x=x}$$

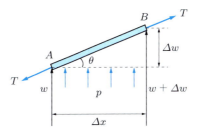

図 15.2　薄板から切り出した微小要素

である．同様に，点 B においては

$$T\sin\theta \sim T\tan\theta = T\left(\frac{\Delta w}{\Delta x}\right)_{x=x+\Delta x}$$

である．よって，力のつり合いの式は

$$T\left(\frac{\Delta w}{\Delta x}\right)_{x+\Delta x} - T\left(\frac{\Delta w}{\Delta x}\right)_{x} + p\Delta x = 0 \tag{15.1}$$

となる．ここで，

$$\left(\frac{\Delta w}{\Delta x}\right)_{x+\Delta x} \sim \left(\frac{\Delta w}{\Delta x}\right)_{x} + \Delta\left(\frac{\Delta w}{\Delta x}\right)$$

に注意すると，力のつり合いの式 (15.1) は

$$T\left\{\left(\frac{\Delta w}{\Delta x}\right)_{x} + \Delta\left(\frac{\Delta w}{\Delta x}\right)\right\} - T\left(\frac{\Delta w}{\Delta x}\right)_{x} + p\Delta x = 0$$

となり，整理すると，

$$T\Delta\left(\frac{\Delta w}{\Delta x}\right) + p\Delta x = 0$$

となる．さらに，両辺を Δx で割ると，

$$T\frac{\Delta\left(\frac{\Delta w}{\Delta x}\right)}{\Delta x} + p = 0$$

となり，最後に，極限 $\Delta x \to 0$ をとると，以下の薄板に生じるたわみ w に関する微分方程式を得る．

$$T\frac{d^2 w}{dx^2} + p = 0 \tag{15.2}$$

この微分方程式を解くことは簡単で，以下のようになる．

$$w = -\frac{p}{2T}x^2 + Ax + B$$

ここで，A, B は積分定数であり，薄板の単純支持部に対するたわみの境界条件

$$x = 0 \text{ にて，} w = 0$$
$$x = l \text{ にて，} w = 0$$

より，それぞれ

$$A = \frac{pl}{2T}, \quad B = 0$$

となる．よって，薄板に生じるたわみはつぎのようになる．

$$w = \frac{p}{2T}(l-x)x \tag{15.3}$$

●15.1.2● 積分方程式による問題の解法

図 15.3 のように，$x = \xi\ (0 < \xi < l)$ に単位力 (1) が作用することで生じた点 x でのたわみを

$$w = G(x, \xi) \times (1)$$

とする．このことから，$x = \xi$ にある微小要素 $\Delta\xi$ に一定圧力 $p(\xi)$ が作用する場合に，薄板に生じる点 x でのたわみは

$$w(x) = G(x, \xi) \times (p(\xi)\Delta\xi)$$

となる．

つぎに，図 15.4 に示すように，x 軸を 0 から l まで N 分割し，一つの要素の中心位置を $\xi_i\ (i = 1, 2, \cdots, N)$ とする．この要素中心に圧力による力 $(p(\xi)\Delta\xi)$ が作用す

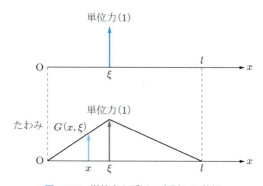

図 15.3 単位力を受けて変形した薄板

れば，点 x でのたわみは

$$w(x) = G(x, \xi_i) \times (p(\xi)\Delta\xi)$$

となる．

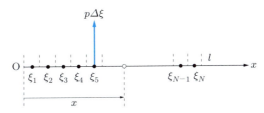

図 15.4 微小要素に分割された薄板

実際には，薄板の内面全体に一定圧力が分布しているので，$i = 1, \cdots, N$ のすべてにおいて，中心位置 ξ_i で力 $(p(\xi)\Delta\xi)$ が作用していなければならない．よって，つぎのようにそれらの総和をとる．

$$w(x) = \sum_{i=1}^{N} G(x, \xi_i) \times (p(\xi)\Delta\xi)$$

最後に，極限 $\Delta\xi \to 0$ をとると，以下の積分方程式を得る．

$$w(x) = \int_0^l G(x, \xi) p(\xi)\, d\xi \tag{15.4}$$

同じ内圧を受ける薄板の問題に対して，先ほど得た微分方程式とは大きく異なった方程式が得られた．

さて，この積分方程式 (15.4) を解いてみることにしよう．このために必要となる数学を準備しておく．まず，以下のように定義される関数を用意する．

$$H(x, \xi) = \begin{cases} 0 & (x < \xi) \\ 1 & (x > \xi) \end{cases} \tag{15.5}$$

これを**ヘビサイドのステップ関数** (Heaviside's step function) といい，そのグラフを図 15.5 に示す．この関数はつぎの性質をもつ．

$$\frac{dH(x, \xi)}{dx} = \delta(x - \xi) \tag{15.6}$$

ここで，$\delta(x - \xi)$ は，演習問題 8-5 で扱った，ディラックのデルタ関数である．

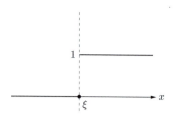

図 15.5 ヘビサイドのステップ関数

以上の数学的準備を踏まえて，積分方程式 (15.4) を解いてみる．再び積分方程式を示す．

$$w(x) = \int_0^l G(x,\xi)p(\xi)\,d\xi \qquad (15.7)$$

ここで，関数 $G(x,\xi)$ は**グリーン関数** (Green's function) あるいは**影響関数** (influence function) という．この関数は，点 ξ に作用する単位力 (1) により点 x に生じるたわみを表す．そのため，点 ξ を**ソース点** (source point)，点 x を**観察点** (observation point) という．この積分を行うためには，グリーン関数をあらかじめ知っておかなければならない．ここでは，本問題に適したグリーン関数を求めるために，微分方程式

$$T\frac{d^2w(x)}{dx^2} + p(x) = 0$$

から始める．この微分方程式において，

$$w(x) \to G(x,\xi), \quad p(x) \to \delta(x-\xi)$$

と置き換えた方程式

$$T\frac{d^2G(x,\xi)}{dx^2} + \delta(x-\xi) = 0$$

を考える．これにより，点 ξ に作用する単位力 (1) により点 x に生じるたわみを取り扱うことになる．よって，

$$T\frac{d^2G(x,\xi)}{dx^2} = -\delta(x-\xi) = -\frac{dH(x,\xi)}{dx}$$

を積分して，

$$T\frac{dG(x,\xi)}{dx} = -H(x,\xi) + A$$

とし，さらに積分して，

$$TG(x,\xi) = -\int_0^x H(x,\xi)\,dx + Ax + B$$

を得る．ただし，積分定数は，正確には，$A = A(\xi)$，$B = B(\xi)$ であり，ξ 依存性は許されている．ここで，$\int_0^x H(x,\xi)dx$ の積分について考える．$x < \xi$ においては

$$\int_0^x H(x,\xi)dx = 0$$

であり，$x > \xi$ においては

$$\int_0^x H(x,\xi)dx = x - \xi$$

であるので，

$$\int_0^x H(x,\xi)dx = (x - \xi)H(x,\xi) \tag{15.8}$$

のように，ヘビサイドのステップ関数を利用して，積分の結果をまとめることができる．

結局，

$$TG(x,\xi) = -(x - \xi)H(x,\xi) + Ax + B$$

となる．この式に含まれる積分定数は，つぎの境界条件により求めることができる．

$$x = 0 \text{ にて，} G = 0$$
$$x = l \text{ にて，} G = 0$$

まず，一つ目の境界条件を代入する．$0 < \xi$ であることから，$x = 0$ では，ヘビサイドのステップ関数はゼロになる．よって，

$$B = 0$$

となる．つぎに，二つ目の境界条件を代入する．$\xi < l$ であることから，$x = l$ では，ヘビサイドのステップ関数は 1 になる．よって，

$$A = 1 - \frac{\xi}{l}$$

となる．これらのことから，本問題に適したつぎのグリーン関数が得られる．

$$TG(x,\xi) = -(x - \xi)H(x,\xi) + \left(1 - \frac{\xi}{l}\right)x \tag{15.9}$$

あるいは，ヘビサイドのステップ関数を用いないのなら，

$$TG(x,\xi) = \begin{cases} \left(1 - \dfrac{\xi}{l}\right)x & (x < \xi) \\ \left(1 - \dfrac{x}{l}\right)\xi & (\xi < x) \end{cases} \tag{15.10}$$

となる．この関数を図示すると，図 15.6 のようになる．

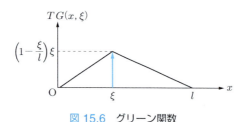

図 15.6　グリーン関数

最後に，このグリーン関数を積分方程式に代入する．

$$\begin{aligned} w(x) &= \int_0^l G(x,\xi)p\,d\xi = \int_0^x G(x,\xi)p\,d\xi + \int_x^l G(x,\xi)p\,d\xi \\ &= \int_0^x \left(1 - \dfrac{x}{l}\right)\xi \dfrac{p}{T}\,d\xi + \int_x^l \left(1 - \dfrac{\xi}{l}\right)x \dfrac{p}{T}\,d\xi \\ &= \dfrac{p}{2T}(l-x)x \end{aligned}$$

これは，微分方程式を解いて得られた解 (15.3) に完全に一致している．ここで示した解法は，**境界要素法** (boundary element method) の基礎を与える．

● **15.1.3** ● エネルギ原理による問題の解法

平衡状態にある問題について考える．物体表面に対して外仕事 W がなされているとき，**全ポテンシャルエネルギ** (total potential energy) を

$$\Pi = U - W \tag{15.11}$$

と定義する．ここで，Π は全ポテンシャルエネルギ，U は**内部エネルギ** (internal energy) をそれぞれ表す．このとき，Π が最小のときに対象となる問題は平衡状態に達することが知られている．これを，**最小ポテンシャルエネルギの原理** (principle of minimum potential energy) という．

この原理を本問題にあてはめてみる．まず，内部エネルギを計算する．薄板の微小要素に蓄えられる内部エネルギは

$$\Delta U = T \times (\Delta s - \Delta x)$$

である．ここで，$(\Delta s - \Delta x)$ は元の長さ Δx からの伸びである．これと張力を掛けることでエネルギを計算できる．ここで，

$$\Delta s = \sqrt{(\Delta w)^2 + (\Delta x)^2} = \Delta x \sqrt{1 + \left(\frac{\Delta w}{\Delta x}\right)^2} \sim \left\{1 + \frac{1}{2}\left(\frac{\Delta w}{\Delta x}\right)^2\right\} \Delta x$$

であるから，内部エネルギは

$$\begin{aligned} U &= \int_0^l \Delta U = \int_0^l T\left(\Delta s - \Delta x\right) \\ &= \int_0^l T\left[\Delta x \left\{1 + \frac{1}{2}\left(\frac{\Delta w}{\Delta x}\right)^2\right\} - \Delta x\right] = \int_0^l \frac{T}{2}\left(\frac{\Delta w}{\Delta x}\right)^2 \Delta x \\ &\to \int_0^l \frac{T}{2}\left(\frac{dw}{dx}\right)^2 dx \end{aligned}$$

となる．また，外仕事 W は

$$W = \int_0^l pw\, dx$$

である．よって，全ポテンシャルエネルギ $\Pi = U - W$ は

$$\Pi(w) = \int_0^l \left\{\frac{T}{2}\left(\frac{dw}{dx}\right)^2 - pw\right\} dx \tag{15.12}$$

となる．この式の形は，これまでに示してきた式とは大きく異なる．しかし，この式もまた，薄板に生じるたわみ問題に対する支配方程式を導く．その解法については以下に示す．

15.2 変分法

　全ポテンシャルエネルギ (15.12) が最小となるときに，力学的平衡状態に達せられることを先に述べた．ここでは，この方程式とこれまでに示した微分方程式と積分方程式の関係を調べる．

　はじめに，一般の関数 $f(x)$ について考えてみる．この関数の変数は x である．もし，変数 x が $x + \Delta x$ へと微小なずれ Δx を生じたとき，関数 $f(x)$ は $f(x + \Delta x)$ と変化することになる．関数のこの二つのずれの大きさは

$$f(x + \Delta x) \sim f(x) + \Delta f(x) \Rightarrow f(x) + \left(\frac{df}{dx}\right)\Delta x$$

となる．

一方，全ポテンシャルエネルギについて注目すると，$\Pi(w) = \Pi(w(x)) = \Pi(x)$ であることから，全ポテンシャルエネルギ Π は変数 x の関数である．しかし，ここではそのようには考えずに，関数 w を変数にもつ関数と考えることにする．このように考えれば，変数 w が $w + \Delta w$ だけ変化したとき，全ポテンシャルエネルギは

$$\Pi(w + \Delta w) \sim \Pi(w) + \delta\Pi(w) \Rightarrow \Pi(w) + \left(\frac{d\Pi}{dw}\right)\delta w$$

となることがわかる．ここで，先の関数において微小量を表すために記号 Δ を用いたが，全ポテンシャルエネルギでは記号 δ を用いていることに注意してもらいたい．これは，変数が関数であることを意識するために用いた特別な記号である．このような微小なずれを**変分** (variation) という．また，全ポテンシャルエネルギを**汎関数** (functional) ともいう．したがって，全ポテンシャルエネルギ（汎関数）の変分は

$$\delta\Pi(w) = \left(\frac{d\Pi}{dw}\right)\delta w \tag{15.13}$$

となる．この式からわかるように，関数の全微分と形式上なんら変わらない．微小量を表す記号として，d ではなく δ を用いている点が異なるだけである．この数学的方法を**変分法** (calculus of variations) という．

つぎに，この全ポテンシャルエネルギ（汎関数）の変分を求めてみよう．

$$\begin{aligned}\Pi(w + \delta w) &= \int_0^l \left\{\frac{T}{2}\left(\frac{d(w+\delta w)}{dx}\right)^2 - p(w+\delta w)\right\}dx \\ &= \int_0^l \left\{\frac{T}{2}\left(\frac{dw}{dx} + \frac{d(\delta w)}{dx}\right)^2 - p(w+\delta w)\right\}dx \\ &= \int_0^l \left\{\frac{T}{2}\left[\left(\frac{dw}{dx}\right)^2 + 2\frac{dw}{dx}\frac{d(\delta w)}{dx} + \left(\frac{d(\delta w)}{dx}\right)^2\right] - p(w+\delta w)\right\}dx \\ &= \Pi(w) + \int_0^l \left\{\frac{T}{2}\left[2\frac{dw}{dx}\frac{d(\delta w)}{dx} + \left(\frac{d(\delta w)}{dx}\right)^2\right] - p\delta w\right\}dx\end{aligned}$$

より，

$$\delta\Pi = \Pi(w+\delta w) - \Pi(w) = \int_0^l \left\{\frac{T}{2}\left[2\frac{dw}{dx}\frac{d(\delta w)}{dx} + \left(\frac{d(\delta w)}{dx}\right)^2\right] - p\delta w\right\}dx$$

である．ここで，$\left(\dfrac{d(\delta w)}{dx}\right)^2$ がほかの項に比べて非常に小さいことから無視すると，

$$\delta \Pi = \int_0^l \left\{ T \frac{dw}{dx} \frac{d(\delta w)}{dx} - p\,\delta w \right\} dx$$

となる．

　つぎに，関数 w そのものの微小変化について考える（図 15.7）．考えを進めていくうえで，関数 w の正しい解 $\hat{w}$ からスタートする．そして，正しい解 $\hat{w}$ から微小量 δw だけずれた状態 $(\hat{w}+\delta w)$ を考える．

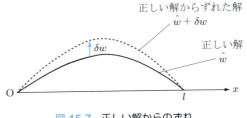

図 15.7　正しい解からのずれ

　ここで，微小量ずらす際のポイントは，境界点が完全に固定されており，この点だけはずれないとすることである．すなわち，

$$x = 0 \text{ にて，} \delta w = 0$$
$$x = l \text{ にて，} \delta w = 0$$

としつつ，正しい解から δw だけずらす．そこで，先ほど計算を進めておいた全ポテンシャルエネルギ（汎関数）を利用すると，正しい解からの全ポテンシャルエネルギの変分量はつぎのようになる．

$$\delta \Pi = \Pi(\hat{w}+\delta w) - \Pi(\hat{w}) = \int_0^l \left\{ T \frac{d\hat{w}}{dx} \frac{d\delta w}{dx} - p\,\delta w \right\} dx$$

第 1 項を部分積分すると，

$$= \left[T \frac{d\hat{w}}{dx} \delta w \right]_0^l - \int_0^l \left\{ T \frac{d^2 \hat{w}}{dx^2} \delta w + p\,\delta w \right\} dx$$

$$= \left[T \frac{d\hat{w}(l)}{dx} \delta w(l) - T \frac{d\hat{w}(0)}{dx} \delta w(0) \right] - \int_0^l \left\{ T \frac{d^2 \hat{w}}{dx^2} \delta w + p\,\delta w \right\} dx$$

となり，大きな括弧 [　] 内は先ほどの境界条件よりゼロになり，

$$= -\int_0^l \left\{ T\frac{d^2\hat{w}}{dx^2}\delta w + p\,\delta w \right\} dx = -\int_0^l \left\{ T\frac{d^2\hat{w}}{dx^2} + p \right\} \delta w\, dx$$

となる．ここで，$\delta \Pi = 0$ とおけば正しい解 $\hat{w}$ に一致する．δw は任意の微小量であることに注意すると，

$$T\frac{d^2\hat{w}}{dx^2} + p = 0$$

を得る．これは，微分形式の支配方程式である．よって，全ポテンシャルエネルギの最小化の条件 $\delta\Pi = 0$ は微分方程式を与える．ここに示したエネルギ原理に基づいて，**有限要素法** (finite element method) が構築されている．

15.1 節と 15.2 節までに得られた結果を図 15.8 にまとめておく．

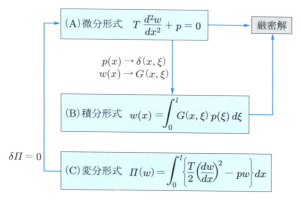

図 15.8 支配方程式の種類と相互関係のまとめ

15.3 リッツの近似解法

全ポテンシャルエネルギが最小 ($\delta\Pi = 0$) のとき，微分形式の支配方程式が得られることがわかった．ここでは，全ポテンシャルエネルギから直接問題の解を得るための近似解法として，**リッツの近似解法** (Ritz's approximate method) について紹介する．

あらかじめ境界条件を満足するように近似解を多項式で適当に仮定する．多くの場合，ベキ級数 $a_0 + a_1 x + a_2 x^2 + \cdots$ あるいは三角関数の級数（フーリエ級数）$a_1 \sin(\pi x/l) + a_2 \sin(2\pi x/l) + a_3 \sin(3\pi x/l) + \cdots$ が用いられる．ここでは，ベキ級数

$$w = x(l-x)\left(a_0 + a_1 x + a_2 x^2 + \cdots\right)$$

を近似解に採用することにしよう．さらに，計算を簡単にするために，最後の括弧内の次数を0次までで止める．
$$w = x(l-x)a_0$$

つぎに，この近似解を全ポテンシャルエネルギ（汎関数）に代入する．すると，
$$\Pi(w) = \int_0^l \left\{ \frac{T}{2}\left(\frac{dw}{dx}\right)^2 - pw \right\} dx = \frac{Tl^3}{6}a_0^2 - \frac{pl^3}{6}a_0 = \Pi(a_0)$$

であり，これに対して
$$\delta \Pi(w) = \delta \Pi(a_0) = \left(\frac{d\Pi(a_0)}{da_0}\right)\delta a_0 = 0$$

より，全ポテンシャルエネルギを最小にするための条件は
$$\frac{d\Pi(a_0)}{da_0} = 0$$

である．よって，
$$\frac{d\Pi(a_0)}{da_0} = \frac{Tl^3}{3}a_0 - \frac{pl^3}{6} = 0$$

より，
$$a_0 = \frac{p}{2T}$$

であり，これを先に仮定した近似式に代入すると，
$$w = \frac{p}{2T}(l-x)x$$

を得る．本問題は比較的簡単であったため，仮定した近似解は厳密解 (15.3) に一致した．

ここで，リッツの近似解法の手順を，以下にまとめておく．

① 多項式（ベキ級数やフーリエ級数など）で近似解の形を仮定する．このとき，あらかじめ境界条件を満足するようにしておく．
② 全ポテンシャルエネルギを①で仮定した近似解に対して計算する．
③ 全ポテンシャルエネルギを最小化する．これにより，近似解に含まれる係数を求める．

15.4 重み付き残差法

ここでは，微分方程式から近似解を求めるための方法について説明する．ここで考える微分方程式は，これまでと同じく

$$T\frac{d^2w}{dx^2} + p = 0$$

である．さらに，境界条件は

$$x = 0 \text{ にて，} w = 0$$
$$x = l \text{ にて，} w = 0$$

である．このとき，この微分方程式の近似解法として，以下のような方法を考える．

ここでは，近似解としてつぎの多項式を採用する．その際，リッツの方法と同様に，この近似式においても，あらかじめ境界条件を満足しておくようにしておく．

$$\tilde{w} = x(l-x)(a_0 + a_1 x)$$

つぎに，仮定した近似解を微分形式の支配方程式に代入する．このとき，解が厳密解であれば，

$$T\frac{d^2\tilde{w}}{dx^2} + p \to 0$$

となる．しかし，近似解 $\tilde{w}$ ではいくらかの誤差 R を生じる．すなわち，

$$T\frac{d^2\tilde{w}}{dx^2} + p = R$$

である．この誤差 R を**残差** (residual) という．この残差を具体的に計算してみよう．そこで，近似解

$$\tilde{w} = x(l-x)(a_0 + a_1 x) = a_0 lx + (a_1 l - a_0)x^2 - a_1 x^3$$

を微分形式の支配方程式に代入して，その結果を R とおく．

$$R = T\frac{d^2\tilde{w}}{dx^2} + p = T\{2(a_1 l - a_0) - 6a_1 x\} + p$$

区間 $[0, l]$ の範囲のすべての x に対して残差 R がゼロであれば，近似解 $\tilde{w}$ は完全に厳密解 w に一致する．しかし，それではあまりにも近似解を許容するための条件が厳しい．このため，区間 $[0, l]$ 全体で残差を分散させるように，緩やかな方法で近似する．具体的に，つぎの積分を考える．

15.4 重み付き残差法

$$\int_0^l R \times W \, dx = 0 \tag{15.14}$$

被積分項は，近似解により生じる"残差 R"と"重み関数 W"との積である．図15.9に示すように，厳密解からの残差が積分区間 $[0, l]$ にわたってゼロとなるようにすることを，この積分は意味している．その際，残差に適当な重みを与え，誤差を分散させる．このように，この方法は，重み関数と残差の積が問題としている領域全体にわたってゼロとなるように近似解を求めることから，**重み付き残差法** (method of weighted residuals; MWR) とよばれている．

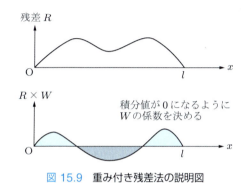

図 15.9 重み付き残差法の説明図

つぎに，重み関数について考える．この関数は計算者が自由に選択してよい．ここでは，二つの重み関数について紹介し，残差

$$R(x) = T\{2(a_1 l - a_0) - 6a_1 x\} + p \tag{15.15}$$

について，それぞれの方法で解いてみる．

●15.4.1● 選点法

重み関数としてディラックのデルタ関数を採用することを考える．重み関数 W を

$$W \to \delta(x - x_i) \quad (i = 1, 2, \cdots, N)$$

とすると，残差と重み関数の積分はつぎのようになる．

$$\int_0^l R(x) \cdot \delta(x - x_i) \, dx = 0 \quad (i = 1, 2, \cdots, N)$$

ここで，つぎのディラックのデルタ関数に関する公式

$$\int f(x) \cdot \delta(x - \xi) \, dx = f(\xi)$$

より,
$$R(x_i) = 0 \quad (i = 1, 2, \cdots, N)$$

となる.ここで,N は近似解に含まれている未定係数の数だけとる.ここで扱っている問題は a_0, a_1 の二つの未定係数からなっているので,$N = 2$ とすればよい.また,x_i は区間 $[0, l]$ 内で任意に選ばれた点である.この点は計算者が自由に選んでよい.本問題では,2 点 x_1 と x_2 を区間 $[0, l]$ 内で適当に選択しておく.結局,上式はこのようにして選択した 2 点のみで残差がゼロとなればよく,この点以外で残差を生じても"責任"をもたない,ということを意味している.このことから,重み関数としてディラックのデルタ関数を選択して近似解を得る方法を**選点法** (collocation method) という.以下,この方法で残差 (15.15) を求めてみる.

選点として,$x_1 = l/3$, $x_2 = 2l/3$ を選択してみる.これを上式に代入すると,
$$R(x_1) = 0, \quad R(x_2) = 0$$

より,連立方程式
$$\begin{cases} T\left\{2(a_1 l - a_0) - 6a_1 \dfrac{l}{3}\right\} + p = 0 \\ T\left\{2(a_1 l - a_0) - 6a_1 \dfrac{2l}{3}\right\} + p = 0 \end{cases}$$

が得られる.これを解くと,
$$a_0 = \frac{p}{2T}, \quad a_1 = 0$$

となり,これらを近似解に代入して,以下を得る.
$$\tilde{w} = \frac{p}{2T}(l - x)x$$

これは,微分方程式を解いて得られた解 (15.3) に一致している.

●15.4.2● ガラーキン法

重み関数として近似解の多項式の各項を採用することを考える.15.4.1 項と同じ問題を例に説明するとわかりやすい.近似解はつぎのようなものであった.
$$\tilde{w} = a_0 l x + (a_1 l - a_0) x^2 - a_1 x^3$$

この近似解は,x, x^2, x^3 からなっているので,重み関数としてこれらの項のどれかを選択する.すなわち,

$$W_1 = x, \quad W_2 = x^2, \quad W_3 = x^3$$

のどれかを選択する．

ところで，問題で仮定した近似解には二つの未定係数があるので，この二つの係数を決めるためには二つの重み関数を用いればよい．ここでは，W_1 と W_2 の二つの重み関数を採用してみる．すると，先ほどの積分は

$$\int_0^l R \cdot W_1 \, dx = \int_0^l R \cdot x \, dx = 0,$$

$$\int_0^l R \cdot W_2 \, dx = \int_0^l R \cdot x^2 \, dx = 0$$

となる．これにより，二つの未定係数を解くための連立方程式を得る．このように，重み関数として近似解で仮定した多項式の各項を利用する方法を**ガラーキン法**(Galerkin method) という．

以下，この方法で残差 (15.15) を求めてみる．

$$\int_0^l Rx \, dx = 0, \quad \int_0^l Rx^2 \, dx = 0$$

より，

$$\int_0^l \left[T \left\{ 2(a_1 l - a_0) - 6a_1 x \right\} + p \right] x \, dx = 0,$$

$$\int_0^l \left[T \left\{ 2(a_1 l - a_0) - 6a_1 x \right\} + p \right] x^2 \, dx = 0$$

の積分を計算すると，連立方程式

$$\begin{cases} T\{(a_1 l - a_0) - 2a_1 l\} + \dfrac{p}{2} = 0 \\ T\left\{\dfrac{2}{3}(a_1 l - a_0) - \dfrac{3}{2}a_1 l\right\} + \dfrac{p}{3} = 0 \end{cases}$$

が得られる．これを解くと，

$$a_0 = \frac{p}{2T}, \quad a_1 = 0$$

となり，これらを近似解に代入して，以下を得る．

$$\tilde{w} = \frac{p}{2T}(l - x)x$$

これも，微分方程式を解いて得られた解 (15.3) に一致している．

15章のまとめ

- 工学問題の数式表示
  - (A) 微分方程式：微小要素と極限操作の概念に基づいて得られる
  - (B) 積分方程式：点 ξ に作用する単位力 (1) により点 x に生じる関数（グリーン関数）を利用して得られる
  - (C) エネルギ原理：全ポテンシャルエネルギ（＝内部エネルギ－外仕事）に対する極値を探すことで得られる
- 近似解法
  - リッツの近似解法：境界条件を満足した近似解を全ポテンシャルエネルギに代入し，近似解に含まれる未定係数で全ポテンシャルエネルギの極値をとることで，未定係数を求める．
  - 重み付き残差法：境界条件を満足した近似解を微分方程式に代入することで得られた残差 R と重み関数 w の積を問題の積分範囲で積分することで，未定係数を求める．
    - （1）選点法：重み関数としてディラックのデルタ関数を採用する．
    - （2）ガラーキン法：近似解に用いられている多項式の各項を採用する．

演習問題

15–1 汎関数

$$\Pi(w) = \int_0^l \left\{ \frac{EI}{2} \left(\frac{d^2 w}{dx^2} \right)^2 - pw \right\} dx$$

の場合に，$\delta \Pi = 0$ が長さ l のはりに分布荷重 $p(x)$ が作用するはりのたわみの微分方程式

$$EI \frac{d^4 w}{dx^4} - p(x) = 0$$

を与えることを証明せよ．
　つぎに，近似解として

$$w(x) = \sum_{n=0}^{4} a_n x^n$$

とおいて，このたわみ解をリッツの方法を用いて求めよ．なお，この問題での境界条件は

$$w(0) = w(l) = 0, \quad \left. \frac{dw}{dx} \right|_{x=0} = \left. \frac{dw}{dx} \right|_{x=l} = 0$$

とする．

15–2 $\Delta \psi(x, y) = -2$ の微分方程式について考える．この方程式の境界条件は「$|x| = a$ にて $\psi = 0$，$|y| = a$ にて $\psi = 0$」とする．このとき，以下の問いに答えよ．
　（1）$\Delta \psi(x, y) = -2$ に対応した汎関数は

$$\Pi(\psi) = \int_{-a}^{a} \int_{-a}^{a} \left\{ \left(\frac{\partial \psi}{\partial x}\right)^2 + \left(\frac{\partial \psi}{\partial y}\right)^2 - 4\psi \right\} dx dy$$

で与えられることを証明せよ．

つぎに，$\psi(x,y)$ の近似解として

$$\psi = \left(a^2 - x^2\right)\left(a^2 - y^2\right)\left(A_1 + A_2 x^2 + A_3 y^2 + \cdots\right)$$

の形の多項式を採用する．

（2） $\psi = \left(a^2 - x^2\right)\left(a^2 - y^2\right) A_1$ とおいたとき，A_1 を求めよ．

（3） $\psi = \left(a^2 - x^2\right)\left(a^2 - y^2\right)\left\{A_1 + A_2(x^2 + y^2)\right\}$ とおいたとき，A_1 と A_2 を求めよ．

（4） 問題 (2) と (3) の結果を比較せよ．

15–3 微分方程式

$$\frac{d^2 u}{dx^2} - u + 1 = 0 \quad (0 \leq x \leq 1)$$

をつぎの境界条件のもとで解く．

$$x = 0 \text{ にて，} u = 0$$
$$x = 1 \text{ にて，} u = 0$$

（1） 厳密解を求めよ．

（2） 解として $\tilde{u}(x) = a_0 + a_1 x + a_2 x^2 + a_3 x^3$ という形を仮定し，重み付き残差法により近似解を求めよ．ここでは，選点法とガラーキン法を用いよ．

（3） 重み関数の選択の違いにより生じる誤差を論ぜよ．

15–4 1次のベッセルの微分方程式

$$x^2 \frac{d^2 y}{dx^2} + x \frac{dy}{dx} + \left(x^2 - 1\right) y = 0$$

を区間 $[1, 2]$ で，境界条件

$$x = 1 \text{ にて，} y = 1$$
$$x = 2 \text{ にて，} y = 2$$

のもとで，重み付き残差法により近似解を求めよ．
（**ヒント**：$y = z(x) + x$ で変数変換してみるとよい．）

16 ねじり問題

動力はシャフト（軸）によって推進力に変換される．このとき，軸には**ねじり** (torsion) が生じる．材料力学では，軸の断面形状を円とした．本章では，長方形や三角形などの任意断面をもつ軸のねじりについて説明する．

16.1 ねじりの基礎式

弾性力学でねじり問題を扱うにあたって，まず，図 16.1(a) のように，表面に平行な線の模様を描いた棒をねじるとどうなるかを見てみる．材料力学では，断面形状に依らず，図 (b) のように，この棒をねじった後もその断面は変化せず，模様の線は相互に平行のままであるものと仮定している．この仮定は円形断面に対しては正しいが，長方形断面になると，図 (c) のように断面形状は**ゆがむ**．よって，任意の断面形状をもつ棒のねじり問題では，このゆがみを考慮して，ねじり変形を計算する必要がある．ここでは，このために必要となる基礎式について示す．

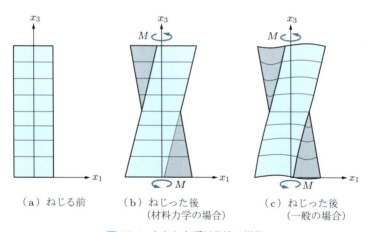

（a）ねじる前　（b）ねじった後（材料力学の場合）　（c）ねじった後（一般の場合）

図 16.1　ねじりを受ける棒の様子

図 16.2(a) に，単位長さの円柱棒がねじられる様子を示す．円形断面の半径を R とすれば，ねじられる前に描いた軸方向の太線が，図 (b) のように $R\theta$ だけ回転することになる．この様子を x_1 軸の手前側から見た直角三角形で表すと図 (a) の下側の図のようになる．つぎに，円柱棒の長さが x_3 になると，直角三角形に対する相似則に

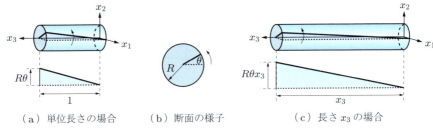

図 16.2　円柱棒がねじられる様子

より，図 (c) のように，$R\theta x_3$ だけ回転することになる．

つぎに，ねじられた前後の円形断面中の点 P の回転する様子を図 16.3(a) に示す．点 P はねじりを受けて点 P' へ回転する．この回転角 α は，図 16.2(c) より θx_3 であることがわかる．ここで，図 16.3(b) に示すように，三角形 OPP' における点 P から点 P' への変位ベクトルを考える．これは

$$\begin{cases} u_1 = -R\alpha \sin\alpha \\ u_2 = R\alpha \cos\alpha \end{cases} \quad (16.1)$$

である．ここで，$\sin\alpha = x_2/R$, $\cos\alpha = x_1/R$ より，

$$\begin{cases} u_1 = -\alpha x_2 \\ u_2 = \alpha x_1 \end{cases}$$

となる．よって，回転角 $\alpha = \theta x_3$ より点 P の変位成分は

$$\begin{cases} u_1 = -\theta x_2 x_3 \\ u_2 = \theta x_1 x_3 \end{cases} \quad (16.2)$$

となる．

一方，断面の面外方向の変位 u_3 をつぎのようにおく．

$$u_3 = \theta\,\psi(x_1, x_2) \quad (16.3)$$

これは，サンブナン (Saint-Venant) によって仮定されたものである．

結局，変位ベクトル $\vec{u} = (u_1, u_2, u_3)$ は

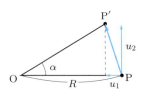

(a) 点 P の回転する様子　　(b) 点 P から点 P′ への変位

図 16.3　円形断面中の点 P の変位

$$\begin{cases} u_1 = -\theta x_2 x_3 \\ u_2 = \theta x_1 x_3 \\ u_3 = \theta \psi(x_1, x_2) \end{cases} \quad (16.4)$$

で与えられることになる．ここで，$\psi = \psi(x_1, x_2)$ を**ゆがみ関数** (warping function) という．これにより，ひずみ成分は

$$\begin{cases} \gamma_{31} = \dfrac{\partial u_3}{\partial x_1} + \dfrac{\partial u_1}{\partial x_3} = \theta\left(\dfrac{\partial \psi}{\partial x_1} - x_2\right) \\ \gamma_{32} = \dfrac{\partial u_3}{\partial x_2} + \dfrac{\partial u_2}{\partial x_3} = \theta\left(\dfrac{\partial \psi}{\partial x_2} + x_1\right) \end{cases} \quad (16.5)$$

となる．

ねじり問題で重要な応力成分は，図 16.4 における σ_{31} と σ_{32} であり，その他の成分はゼロである．σ_{31} と σ_{32} は，式 (16.5) とフックの法則から，

$$\begin{cases} \sigma_{31} = G\theta\left(\dfrac{\partial \psi}{\partial x_1} - x_2\right) \\ \sigma_{32} = G\theta\left(\dfrac{\partial \psi}{\partial x_2} + x_1\right) \end{cases} \quad (16.6)$$

となる．

あらゆる応力成分は応力の平衡方程式を満足していなければならない．ねじりにおける応力の平衡方程式は

$$\dfrac{\partial \sigma_{13}}{\partial x_1} + \dfrac{\partial \sigma_{23}}{\partial x_2} + \dfrac{\partial \sigma_{33}}{\partial x_3} = 0 \quad (16.7)$$

であり，これに式 (16.6) を代入すると，

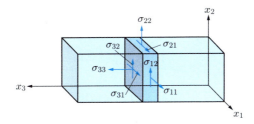

図 16.4 ねじり問題で重要な応力成分

$$\frac{\partial^2 \psi}{\partial x_1^2} + \frac{\partial^2 \psi}{\partial x_2^2} = 0 \tag{16.8}$$

となる.よって,ゆがみ関数は調和方程式を満足する調和関数であることがわかる.

つぎに,ねじり問題の境界条件について考えてみる.図 16.5 に任意断面がねじりを受けている様子を示す.断面の表面近傍に微小三角要素を考える.境界面に対して反時計回りを正とする.すると,微小要素の底面の長さは $-dx_1$ のように変化(減少)し,高さの長さは dx_2 のように変化(増加)することになる.微小要素の表面では表面力がゼロであるから,つぎの関係が成り立つ.

$$\sigma_{31} \sin\beta + \sigma_{32} \cos\beta = 0$$

ここで,β は底辺と斜辺のなす角である.微小要素の幾何学的関係から,ds を微小三角形要素の斜面の長さとすれば,

$$\sin\beta = \frac{dx_2}{ds}, \quad \cos\beta = -\frac{dx_1}{ds}$$

であるので,

$$\sigma_{31} \frac{dx_2}{ds} - \sigma_{32} \frac{dx_1}{ds} = 0 \tag{16.9}$$

となる.ここで,つぎのような関係を満たすポテンシャル関数 ϕ を導入する.

$$\begin{cases} \sigma_{31} = \dfrac{\partial \phi}{\partial x_2} \\ \sigma_{32} = -\dfrac{\partial \phi}{\partial x_1} \end{cases} \tag{16.10}$$

式 (16.6) と式 (16.10) より,

$$\frac{\partial \phi}{\partial x_2} = G\theta \left(\frac{\partial \psi}{\partial x_1} - x_2 \right), \quad -\frac{\partial \phi}{\partial x_1} = G\theta \left(\frac{\partial \psi}{\partial x_2} + x_1 \right)$$

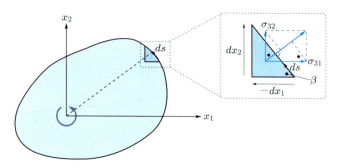

図 16.5 ねじりを受ける任意断面の棒

が得られ，これをさらに微分して，

$$\frac{\partial^2 \phi}{\partial x_2^2} = G\theta \left(\frac{\partial^2 \psi}{\partial x_1 \partial x_2} - 1 \right), \quad -\frac{\partial^2 \phi}{\partial x_1^2} = G\theta \left(\frac{\partial \psi}{\partial x_1 \partial x_2} + 1 \right)$$

となる．両式の差をとると，

$$\frac{\partial^2 \phi}{\partial x_1^2} + \frac{\partial^2 \phi}{\partial x_2^2} = -2G\theta \tag{16.11}$$

が得られる．よって，ポテンシャル関数 ϕ は式 (16.11) を満足している必要がある．

また，境界条件は式 (16.9) より，

$$\frac{\partial \phi}{\partial x_2} \frac{\partial x_2}{\partial s} + \frac{\partial \phi}{\partial x_1} \frac{\partial x_1}{\partial s} = 0$$

すなわち

$$\frac{d\phi}{ds} = 0 \tag{16.12}$$

である．これを s で積分すると，$\phi =$ 一定となる．すなわち，ポテンシャル関数 ϕ は境界面上では一定でなければならないことがわかる．ただし，この値をどのようにとっても応力成分には影響しないことから，境界面上のポテンシャル関数を

$$\phi = 0 \quad (境界上) \tag{16.13}$$

のようにおく．

つぎに，**ねじりモーメント** (torsional moment) M を考える．いまの場合は

$$M = -\iint \sigma_{31} \, dx_1 dx_2 \times x_2 + \iint \sigma_{32} \, dx_1 dx_2 \times x_1$$

であり，これをまとめると，つぎのようになる．

$$M = \iint (-\sigma_{31}x_2 + \sigma_{32}x_1)\,dx_1dx_2 = -\iint \left(\frac{\partial \phi}{\partial x_2}x_2 + \frac{\partial \phi}{\partial x_1}x_1\right) dx_1dx_2$$

$$= -\iint \left\{\frac{\partial(x_2\phi)}{\partial x_2} + \frac{\partial(x_1\phi)}{\partial x_1} - 2\phi\right\} dx_1dx_2$$

ここで,つぎの積分について考える.

$$\iint \left\{\frac{\partial(x_2\phi)}{\partial x_2} + \frac{\partial(x_1\phi)}{\partial x_1}\right\} dx_1dx_2$$

ガウスの定理を利用すると,面積分から境界面に沿う線積分に変換され,

$$\iint_{面} \left\{\frac{\partial(x_2\phi)}{\partial x_2} + \frac{\partial(x_1\phi)}{\partial x_1}\right\} dx_1dx_2 = \int_{境界} \{(x_2\phi)\cos\beta + (x_1\phi)\sin\beta\}\, ds$$

$$= \int_{境界} (x_2\cos\beta + x_1\sin\beta)\phi\, ds$$

となる.ところで,境界面上でポテンシャル関数 $\phi = 0$ であることから,この式の右辺はゼロであり,すなわち

$$\iint \left\{\frac{\partial(x_2\phi)}{\partial x_2} + \frac{\partial(x_1\phi)}{\partial x_1}\right\} dx_1dx_2 = 0$$

となる.よって,ねじりモーメントは,ポテンシャル関数 ϕ のみで,つぎのように表される.

$$M = 2\iint \phi\, dx_1dx_2 \tag{16.14}$$

16.2 プラントルによる薄板相似法

プラントル (Prandtl) は,一様な面圧を受ける薄板に関するたわみの微分方程式と,ねじりのポテンシャル関数 ϕ が満足すべき微分方程式 (16.11) との間に相似性があることに注目し,実験によりねじり問題を解く方法を提案した.ここでは,その概要について説明する.

図 16.6 に示すような周辺が固定された薄板のたわみ $w = w(x_1, x_2)$ について考える.この類似問題はすでに 15 章で取り扱っており,つぎのような微分方程式を得ている.

$$T\frac{d^2w}{dx^2} + p = 0 \qquad (再:15.2)$$

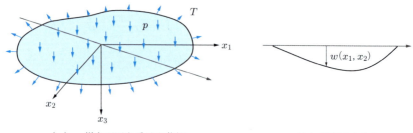

（a）一様な面圧を受ける薄板　　　　　（b）薄板のたわみ

図 16.6　周辺が固定された薄板が面圧を受けている問題

これは 1 次元の薄板に対するものであった．これは，つぎのように次元を増やすことで，そのまま本問題に拡張できる．

$$T\left(\frac{\partial^2 w}{\partial x_1^2} + \frac{\partial^2 w}{\partial x_2^2}\right) + p = 0$$

これをつぎのように変形する．

$$\frac{\partial^2 w}{\partial x_1^2} + \frac{\partial^2 w}{\partial x_2^2} = -\frac{p}{T} \tag{16.15}$$

これと式 (16.11) を見比べると，

$$w \leftrightarrow \phi, \quad \frac{p}{T} \leftrightarrow 2G\theta \tag{16.16}$$

のようにして，薄板のたわみ問題における微分方程式と任意断面をもつ棒のねじり問題における微分方程式を対応付けられることがわかる．

よって，ねじり問題で対象としている断面形状に一致した薄板を準備し，この板の周辺を固定するとともに薄板の面を水で満たす．あるいは，空気圧を作用させる．これにより，薄板はたわむ．このたわみを測定すれば，求めたいねじり問題のポテンシャル関数が得られる．そして，式 (16.10) に従って，ポテンシャル関数を微分すれば，ねじりにより棒に生じるせん断応力を求めることができる．

16.3　エネルギ原理に基づく近似解法

まず，16.1 節で学んだ，ポテンシャル関数 ϕ によるねじり問題の基礎式をおさらいし，まとめておこう．ϕ の満たすべき方程式は

$$\frac{\partial^2 \phi}{\partial x_1^2} + \frac{\partial^2 \phi}{\partial x_2^2} = F (\equiv -2G\theta)$$

であり，表面における境界条件は

$$\frac{d\phi}{ds} = 0 \quad (表面上)$$

である．また，ポテンシャル関数がわかれば，ねじりトルクは

$$M = 2\iint \phi\, dx_1 dx_2$$

のように計算され，棒に生じているせん断応力は，

$$\sigma_{31} = \frac{\partial \phi}{\partial x_2}, \quad \sigma_{32} = -\frac{\partial \phi}{\partial x_1}$$

のように計算される．

前節では，これを実験的に求める方法について説明した．ここでは，ねじり問題の基礎方程式を近似的に解く方法について説明する．

●16.3.1● 近似解法

ねじり問題の基礎方程式を厳密に解くことは難しい．そこで，エネルギ原理による近似解法を利用して解く．そのために，まず，ねじりを受ける棒の単位長さあたりに蓄えられるひずみエネルギ U について考える．これは

$$U = \frac{1}{2G}\iint (\sigma_{31}^2 + \sigma_{32}^2)\, dx_1 dx_2 = \frac{1}{2G}\iint \left\{\left(\frac{\partial \phi}{\partial x_1}\right)^2 + \left(\frac{\partial \phi}{\partial x_2}\right)^2\right\} dx_1 dx_2 \tag{16.17}$$

である．つぎに，棒になされた外仕事 W は

$$W = M\theta = 2\iint \phi\theta\, dx_1 dx_2 \tag{16.18}$$

である．よって，全ポテンシャルエネルギ Π は

$$\Pi = U - W$$

より，

$$\Pi = \frac{1}{2G}\iint \left\{\left(\frac{\partial \phi}{\partial x_1}\right)^2 + \left(\frac{\partial \phi}{\partial x_2}\right)^2\right\} dx_1 dx_2 - 2\iint \phi\theta\, dx_1 dx_2$$

となる．これをまとめると，

$$\Pi = \frac{1}{2G} \iint \left\{ \left(\frac{\partial \phi}{\partial x_1}\right)^2 + \left(\frac{\partial \phi}{\partial x_2}\right)^2 - 4G\theta\phi \right\} dx_1 dx_2 \quad (16.19)$$

となる．この全ポテンシャルの極値が力学的平衡状態を与えることは，すでに15章で述べた．そこで，

$$\phi \to \phi + \delta\phi$$

として，全ポテンシャル関数の変化量を計算する．15章で行ったのと同様の計算により，

$$\delta\Pi = \Pi(\phi + \delta\phi) - \Pi(\phi)$$
$$= \frac{1}{G} \iint \left(\frac{\partial \phi}{\partial x_1} \frac{\partial (\delta\phi)}{\partial x_1} + \frac{\partial \phi}{\partial x_2} \frac{\partial (\delta\phi)}{\partial x_2} - 2G\theta\, \delta\phi \right) dx_1 dx_2$$

となる．この計算を進めると，

$$\delta\Pi = \frac{1}{G} \left\{ \int \left[\frac{\partial \phi}{\partial x_1} \delta\phi \right]_{境界} dx_2 + \int \left[\frac{\partial \phi}{\partial x_2} \delta\phi \right]_{境界} dx_1 \right.$$
$$\left. - \iint \left(\frac{\partial^2 \phi}{\partial x_1^2} + \frac{\partial^2 \phi}{\partial x_2^2} + 2G\theta \right) \delta\phi\, dx_1 dx_2 \right\}$$

となる．境界面で $\delta\phi = 0$ であるから，右辺の第1項と第2項はゼロとなって，

$$\delta\Pi = -\frac{1}{G} \iint \left(\frac{\partial^2 \phi}{\partial x_1^2} + \frac{\partial^2 \phi}{\partial x_2^2} + 2G\theta \right) \delta\phi\, dx_1 dx_2$$

を得る．ここで，全ポテンシャルエネルギが最小となるためには，$\delta\Pi = 0$ でなければならない．よって，

$$\frac{\partial^2 \phi}{\partial x_1^2} + \frac{\partial^2 \phi}{\partial x_2^2} + 2G\theta = 0$$

となり，これは式 (16.11) に一致していることがわかる．

以上のことから，ポテンシャル関数を，あらかじめ境界条件を満足するように多項式により近似し，これを式 (16.19) に代入し，全ポテンシャルエネルギを最小にするように，多項式に含まれる未定係数を求めればよい．この近似解法はすでに説明しているリッツの方法である．以下，具体的な場合を見ていく．

●16.3.2●長方形断面のねじり

図 16.7 のような長方形断面の場合を考える．表面での境界条件を満足しているように，つぎのポテンシャル関数を仮定する．

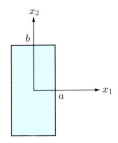

図 16.7　長方形断面

$$\phi = a_0 \left(x_1^2 - a^2\right)\left(x_2^2 - b^2\right) \tag{16.20}$$

これを式 (16.19) に代入して得られた全ポテンシャルエネルギ Π に対して，

$$\frac{d\Pi}{da_0} = 0$$

であることから，未定係数は

$$a_0 = \frac{5}{4}\frac{G\theta}{a^2 + b^2}$$

と決まる．よって，ねじりモーメントは

$$M = 2\iint \phi\, dx_1 dx_2 = \frac{40}{9}\frac{a^3 b^3}{a^2 + b^2}G\theta \approx 4.444\frac{a^3 b^3}{a^2 + b^2}G\theta \tag{16.21}$$

となる．また，せん断応力はポテンシャル関数を微分することで求められる．

● 16.3.3 ● だ円形断面のねじり

図 16.8 のようなだ円形断面の場合を考える．だ円の表面形状は

$$\left(\frac{x_1}{a}\right)^2 + \left(\frac{x_2}{b}\right)^2 = 1$$

で表現できる．表面での境界条件を満足しているように，つぎのようなポテンシャル関数を仮定する．

$$\phi = a_0 \left\{\left(\frac{x_1}{a}\right)^2 + \left(\frac{x_2}{b}\right)^2 - 1\right\} \tag{16.22}$$

これを式 (16.19) に代入した全ポテンシャルエネルギ Π に対して，

$$\frac{d\Pi}{da_0} = 0$$

であることから，未定係数は

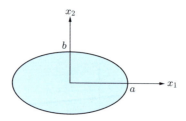

図 16.8 だ円形断面

$$a_0 = -\frac{a^2 b^2}{a^2 + b^2} \cdot G\theta$$

と決まる．よって，ポテンシャル関数は

$$\phi = -\frac{a^2 b^2}{(a^2 + b^2)} \cdot G\theta \left\{ \left(\frac{x_1}{a}\right)^2 + \left(\frac{x_2}{b}\right)^2 - 1 \right\} \tag{16.23}$$

となる．これから，ねじりモーメントは

$$M = -2\frac{a^2 b^2}{a^2 + b^2} \cdot G\theta \left\{ \frac{1}{a^2} \iint x_1^2 \, dx_1 dx_2 + \frac{1}{b^2} \iint x_2^2 \, dx_1 dx_2 - \iint dx_1 dx_2 \right\}$$

であり，計算して，

$$M = \frac{\pi a^3 b^3}{a^2 + b^2} \cdot G\theta \tag{16.24}$$

となる．また，せん断応力はポテンシャル関数を微分することで求められる．

なお，さらに精度が高い近似解を得るためには，

$$\phi = \left\{ \left(\frac{x_1}{a}\right)^2 + \left(\frac{x_2}{a}\right)^2 - 1 \right\} \sum \sum a_{mn} x_1^n x_2^m$$

とおいて，

$$\frac{\partial \Pi}{\partial a_{mn}} = 0 \quad (m, n = 0, 1, 2, \ldots)$$

により，未定係数を求めればよい．

16 章のまとめ

- ねじり問題における応力成分

$$\begin{cases} \sigma_{31} = \dfrac{\partial \phi}{\partial x_2} \\ \sigma_{32} = -\dfrac{\partial \phi}{\partial x_1} \end{cases}$$

- ポテンシャル関数 ϕ に関する微分方程式

$$\dfrac{\partial^2 \phi}{\partial x_1^2} + \dfrac{\partial^2 \phi}{\partial x_2^2} = -2G\theta$$

- 境界上でのポテンシャル関数：$\phi = 0$
- ねじりモーメント

$$M = 2 \iint \phi \, dx_1 dx_2$$

- 全ポテンシャルエネルギ（汎関数）

$$\Pi = \dfrac{1}{2G} \iint \left\{ \left(\dfrac{\partial \phi}{\partial x_1}\right)^2 + \left(\dfrac{\partial \phi}{\partial x_2}\right)^2 - 4G\theta\phi \right\} dx_1 dx_2$$

演習問題

16–1 図 16.7 のような長方形断面をもつ棒がねじられるとき，棒に生じるせん断応力を求めよ．

16–2 図 16.8 のようなだ円形状をもつ棒がねじられるとき，棒に生じるせん断応力を求めよ．

16–3 図 16.9 に示すような正三角形の断面形状をもつ棒がねじられるとき，せん断応力とねじりモーメントをそれぞれ求めよ．

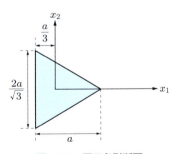

図 16.9　正三角形断面

演習問題の解答

●1章●

1-1 解図 1.1 のような微小要素に対する力のつり合いより,

$$\sum R = (\sigma + \Delta\sigma) A + \rho A \Delta r \cdot r \cdot \omega^2 - \sigma A = 0$$

が成り立ち,これを整理するとともに極限操作を施すと,

$$\frac{d\sigma}{dr} = -\rho\omega^2 r$$

となる.境界条件として「$r = l$ にて $\sigma = 0$」より,回転する棒に生じる垂直応力は

$$\sigma = \frac{1}{2}\rho\left(l^2 - r^2\right)\omega^2$$

となる.つぎに,フックの法則にこれを代入して,次式を得る.

$$\varepsilon = \frac{\sigma}{E} = \frac{\rho\left(l^2 - r^2\right)\omega^2}{2E}$$

これはまた

$$\frac{du}{dr} = \frac{\rho\left(l^2 - r^2\right)\omega^2}{2E}$$

であり,境界条件として「$r = 0$ にて $u = 0$」より,回転する棒に生じる変位は

$$u = \frac{\rho\omega^2}{2E}\left(l^2 r - \frac{1}{3}r^3\right)$$

となる.また,棒の伸びは $r = l$ として,つぎのようになる.

$$\delta = \frac{\rho l^3 \omega^2}{3E}$$

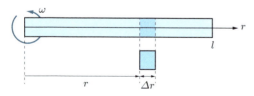 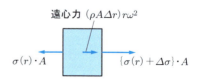

(a) 回転する棒の微小要素を考える　　(b) 微小要素での力のつり合い

解図 1.1

1–2 $\sigma(x) = \dfrac{N(x)}{A}, \quad \delta = \dfrac{1}{EA}\displaystyle\int_0^l N(x)\,dx$

1–3 傾斜が微小であるとすると，せん断力は y 軸に平行方向であるとみなせ，横方向の力のつり合いの式は，
$$P\dfrac{dv}{dx} - P\left\{\dfrac{dv}{dx} + \Delta\left(\dfrac{dv}{dx}\right)\right\} - R + (R + \Delta R) = 0$$
である．これを整理すると，
$$P\Delta\left(\dfrac{dv}{dx}\right) - \Delta R = 0$$
となり，両辺を Δx で割り，極限をとると，
$$P\dfrac{d^2v}{dx^2} - \dfrac{dR}{dx} = 0$$
が得られる．さらに，モーメントのつり合いの式は，
$$(M + \Delta M) - M - (R + \Delta R)\Delta x = 0$$
であり，$\Delta R \cdot \Delta x \approx 0$ に注意して整理すると，
$$\dfrac{dM}{dx} = R$$
となる．これと，はりのたわみの微分方程式
$$EI\dfrac{d^2v}{dx^2} = -M$$
から，求めたい微分方程式はつぎのようになる．
$$\dfrac{d^4v}{dx^4} + \dfrac{P}{EI}\dfrac{d^2v}{dx^2} = 0$$

●2章●

2–1 (1) $\delta_{ij}\delta_{ij} = 3$ (2) $\delta_{ij}\delta_{jk} = \delta_{ik}$ (3) $e_{ijk}A_jA_k = 0$

2–2 $F_{ijk} = b_{i1}b_{j1}b_{k1}H_{111} + b_{i1}b_{j1}b_{k2}H_{112} + b_{i1}b_{j2}b_{k1}H_{121} + b_{i1}b_{j2}b_{k2}H_{122}$
$\qquad\qquad + b_{i2}b_{j1}b_{k1}H_{211} + b_{i2}b_{j1}b_{k2}H_{212} + b_{i2}b_{j2}b_{k1}H_{221} + b_{i2}b_{j2}b_{k2}H_{222}$

2–3 証明省略．調和関数の性質をうまく利用することで簡単に証明できる．

2–4 証明省略．

●3章●

3–1 $\sigma_{11} = p, \quad \sigma_{22} = 0, \quad \sigma_{12} = 0$

$\sigma'_{11} = p\cos^2\theta, \quad \sigma'_{12} = -p\cos\theta\sin\theta, \quad \sigma'_{22} = p\sin^2\theta$

3–2 　$\sigma_{11}=0,\quad \sigma_{22}=0,\quad \sigma_{12}=q$

$\sigma'_{11}=q\sin 2\theta,\quad \sigma'_{12}=q\cos 2\theta,\quad \sigma'_{22}=-q\sin 2\theta$

3–3 　$e=\varepsilon_{kk}$ ($k=1,2$ についての和) が座標軸のとり方によらないのは，式 (3.19) より明らかである．また，x 軸と y 軸に沿って小さな長方形をとる．それぞれの長さを Δx および Δy とすれば，ひずみを受けることで，この長方形の各辺の長さは $\Delta x+\Delta u_1=(1+\varepsilon_{11})\Delta x$ および $\Delta y+\Delta u_2=(1+\varepsilon_{22})\Delta y$ に変化する．長方形の厚さを単位厚さ 1 にとれば，体積 V は

$$V=(1+\varepsilon_{11})(1+\varepsilon_{22})\Delta x\Delta y$$

となる．また，長方形の元の体積 V_0 は $V_0=\Delta x\Delta y$ である．よって，

$$\frac{V-V_0}{V_0}\cong \varepsilon_{11}+\varepsilon_{22}=e$$

であるから，e は体積膨張率を意味する．

3–4 　$\varepsilon_{11}=Ax_1^2+Bx_2^2,\ \varepsilon_{22}=Cx_1^2+Dx_2^2,\ \gamma_{12}=Ex_1x_2$ において，ひずみ成分を変位で表すと，

$$\frac{\partial u_1}{\partial x_1}=Ax_1^2+Bx_2^2 \tag{1}$$

$$\frac{\partial u_2}{\partial x_2}=Cx_1^2+Dx_2^2 \tag{2}$$

$$\frac{\partial u_1}{\partial x_2}+\frac{\partial u_2}{\partial x_1}=Ex_1x_2 \tag{3}$$

となる．式 (1) と (2) をそれぞれ積分すると，

$$u_1=\frac{1}{3}Ax_1^3+Bx_1x_2^2+F_1(x_2),\quad u_2=Cx_1^2x_2+\frac{1}{3}Dx_2^3+F_2(x_1)$$

を得る．これらの式を式 (3) に代入して，

$$2(B+C)x_1x_2+\frac{dF_1(x_2)}{dx_2}+\frac{dF_2(x_1)}{dx_1}=Ex_1x_2$$

を得る．この恒等式を満足するための条件は

$$F_1(x_2)=\mathrm{const.},\quad F_2(x_1)=\mathrm{const.},\quad 2(B+C)=E$$

である．このうち，第 3 式が変位の連続性を唯一保証する定数 $A\sim E$ の関係式である．

●4 章●

4–1 　例題 4–1 で計算したように，$e=\dfrac{1-2\nu}{E}(\sigma_{11}+\sigma_{22}+\sigma_{33})$ であり，これに $e=0$ を代入して，つぎの恒等式を得る．

$$\frac{1-2\nu}{E}(\sigma_{11}+\sigma_{22}+\sigma_{33})=0$$

$(\sigma_{11}+\sigma_{22}+\sigma_{33})\neq 0$ より $1-2\nu=0$ でなければならないことがわかる．よって

$$\nu=\frac{1}{2}.$$

4–2 （1）平面ひずみ問題　　（2）平面応力問題　　（3）平面ひずみ問題

4–3 （1）$W=\frac{1}{2}\sigma_{ij}\varepsilon_{ij}$ に式 (4.7) を代入して，つぎのようになる．

$$W=G\left(\varepsilon_{ij}^2+\frac{\nu}{1-2\nu}e^2\right)$$

（2）$\dfrac{\partial W}{\partial \varepsilon_{ij}}=G\left[2\varepsilon_{ij}+2\dfrac{\nu}{1-2\nu}e\delta_{ij}\right]=\sigma_{ij}$

●5章●

5–1 丸棒表面での曲げ応力は $\sigma_{22}=\left(\dfrac{32}{\pi d^3}\right)M$，ねじりによるせん断応力は $\sigma_{12}=\left(\dfrac{16}{\pi d^3}\right)T$，丸棒の周方向の垂直応力成分は $\sigma_{11}=0$ である．ここで，丸棒の軸方向に x_2 軸，それと直交する方向に x_1 軸をとった．これらの式を，主応力を求める式 (5.4) に代入して整理すると，最大主応力はつぎのようになる．

$$\sigma=\left(\frac{16}{\pi d^3}\right)\left(M+\sqrt{M^2+T^2}\right)$$

5–2 （1）式 (5.5) に代入して整理すると，

$$\begin{cases}\varepsilon_a=\varepsilon_{11}\\ \varepsilon_b=\dfrac{1}{4}\left(\varepsilon_{11}+3\varepsilon_{22}+\sqrt{3}\gamma_{12}\right)\\ \varepsilon_c=\dfrac{1}{4}\left(3\varepsilon_{11}+\varepsilon_{22}+\sqrt{3}\gamma_{12}\right)\end{cases}$$

となり，この連立方程式を解いて，

$$\varepsilon_{11}=\varepsilon_a,\quad \varepsilon_{22}=\varepsilon_a+2\varepsilon_b-2\varepsilon_c,\quad \gamma_{12}=\frac{2}{\sqrt{3}}\left(-2\varepsilon_a-\varepsilon_b+3\varepsilon_c\right)$$

を得る．さらに，これを式 (5.9), (5.10) に代入して，以下を得る．

$$\sigma_{11}=\frac{E}{1-\nu^2}\left\{(1+\nu)\varepsilon_a+2\nu\varepsilon_b-2\nu\varepsilon_c\right\},$$

$$\sigma_{22}=\frac{E}{1-\nu^2}\left\{(1+\nu)\varepsilon_a+2\varepsilon_b-2\varepsilon_c\right\},$$

$$\sigma_{12}=\frac{E}{\sqrt{3}(1+\nu)}\left(-2\varepsilon_a-\varepsilon_b+3\varepsilon_c\right)$$

(2) ひずみゲージによる測定値を応力成分の式に代入すると，

$$\sigma_{11} = -55\,\text{MPa}, \quad \sigma_{22} = -116.5\,\text{MPa}, \quad \sigma_{12} = 88.8\,\text{MPa}$$

となる．よって，主応力は，式 (5.4) より，つぎのように求められる．

$$\sigma = 8.22\,\text{MPa},\ -179.72\,\text{MPa}$$

●6 章●

6–1 証明省略．

6–2 証明省略．

6–3 $\sigma_{22} = 0, \quad \sigma_{12} = 0 \quad \left(0 \leq x_1 \leq l,\ x_2 = \left|\dfrac{h}{2}\right|\right)$

$\sigma_{11} = \dfrac{2\sigma_0}{h}x_2, \quad \sigma_{12} = 0 \quad \left(x_1 = l, -\dfrac{h}{2} \leq x_2 \leq \dfrac{h}{2}\right)$

6–4 (1) 証明省略．

(2) $\sigma_{11} = 2G\left(\dfrac{\partial^2 \phi}{\partial x_1^2} + \dfrac{\nu}{1-\nu}\Delta\phi\right), \quad \sigma_{22} = 2G\left(\dfrac{\partial^2 \phi}{\partial x_2^2} + \dfrac{\nu}{1-\nu}\Delta\phi\right),$

$\sigma_{12} = 2G\left(\dfrac{\partial^2 \phi}{\partial x_1 \partial x_2}\right)$

(3) 応力成分を応力の平衡方程式に代入すると，

$$\dfrac{\partial^3 \phi}{\partial x_1^3} + \dfrac{\partial^3 \phi}{\partial x_1 \partial x_2^2} + \dfrac{\nu}{1-\nu}\dfrac{\partial}{\partial x_1}\Delta\phi = 0 \tag{a}$$

$$\dfrac{\partial^3 \phi}{\partial x_2^3} + \dfrac{\partial^3 \phi}{\partial x_2 \partial x_1^2} + \dfrac{\nu}{1-\nu}\dfrac{\partial}{\partial x_2}\Delta\phi = 0 \tag{b}$$

となる．$\dfrac{\partial}{\partial x_1}$ (a) $+ \dfrac{\partial}{\partial x_2}$ (b) より，

$$\left(\dfrac{\partial^2}{\partial x_1^2} + \dfrac{\partial^2}{\partial x_2^2}\right)\left(\dfrac{\partial^2}{\partial x_1^2} + \dfrac{\partial^2}{\partial x_2^2}\right)\phi = 0$$

となり，関数 ϕ は重調和方程式を満足していなければならない．

6–5 演習問題 6–3 により，図 6.11(b) のはりの端面に $\sigma_0 = 6P/(hb)$ のように垂直応力を分布させれば，はりの端面から十分に離れた位置で図 (a) と (b) の垂直応力分布は等しくなる．

●7 章●

7–1 (1) $(n+4)(n+3)(n+2)(n+1)a_{n+4,m} + 2(n+2)(n+1)(m+2)(m+1)a_{n+2,m+2}$

$+ (m+4)(m+3)(m+2)(m+1)a_{n,m+4} = 0$

(2) $\displaystyle\sigma_{11}=\sum_{n=0}^{N}\sum_{m=0}^{M}a_{n,m}m(m-1)x_1^n x_2^{m-2},\quad \sigma_{22}=\sum_{n=0}^{N}\sum_{m=0}^{M}a_{n,m}n(n-1)x_1^{n-2}x_2^m,$

$\displaystyle\sigma_{12}=-\sum_{n=0}^{N}\sum_{m=0}^{M}a_{n,m}nmx_1^{n-1}x_2^{m-1}$

7–2 応力関数が重調和方程式を満足していることは，応力関数を代入することで容易に確かめられる．応力成分はつぎのようになる．

$$\sigma_{11}=-\frac{F}{2c^3}x_1+P,\quad \sigma_{22}=0,\quad \sigma_{12}=-\frac{3F}{4c}\left(1-\frac{2}{3c^2}x_2\right)$$

7–3 応力関数が重調和方程式を満足していることは，応力関数を代入することで容易に確かめられる．応力成分はつぎのようになる．

$$\sigma_{11}=-\frac{6F}{d^3}x_1(d-2x_2),\quad \sigma_{22}=0,\quad \sigma_{12}=\frac{6F}{d^3}x_2(d-x_2)$$

7–4 (1) $\displaystyle\frac{d^4 f(x_2)}{dx_2^4}-2\alpha^2\frac{d^2 f(x_2)}{dx_2^2}+\alpha^4 f(x_2)=0$

(2) $f(x_2)=C_1 e^{\alpha x_2}+C_2 e^{-\alpha x_2}+C_3 x_2 e^{\alpha x_2}+C_4 x_2 e^{-\alpha x_2}$.

なお，右辺三項と四項の証明は演習問題 2–3 を参照してほしい．

(3) $\sigma_{11}=\alpha\cos(\alpha x_1)\{C_1\alpha e^{\alpha x_2}+C_2\alpha e^{-\alpha x_2}+C_3(2+\alpha x_2)e^{\alpha x_2}$
$\qquad\qquad -C_4(2-\alpha x_2)e^{-\alpha x_2}\}$,

$\sigma_{22}=-\alpha^2\cos(\alpha x_1)\{C_1 e^{\alpha x_2}+C_2 e^{-\alpha x_2}+C_3 x_2 e^{\alpha x_2}+C_4 x_2 e^{-\alpha x_2}\}$,

$\sigma_{12}=\alpha\sin(\alpha x_1)\{C_1\alpha e^{\alpha x_2}-C_2\alpha e^{-\alpha x_2}+C_3(1+\alpha x_2)e^{\alpha x_2}$
$\qquad\qquad +C_4(1-\alpha x_2)e^{-\alpha x_2}\}$

●**8章**●

8–1 証明省略．

8–2 $l/c\ll 1$ より，近似式

$$\sinh(\alpha_n c)=\cosh(\alpha_n c)\cong \frac{1}{2}\exp(\alpha_n c)$$

ならびに，$x_2\approx c$ であることに注意すると，

$$\sinh(\alpha_n x_2)=\cosh(\alpha_n x_2)\cong \frac{1}{2}\exp(\alpha_n x_2)$$

となり，式 (8.22) は

$$\sigma_{22}=-\frac{pa}{l}-\frac{2p}{\pi}\sum_{n=1}^{\infty}\frac{\sin\left(\dfrac{n\pi a}{l}\right)}{n}\frac{\left\{1+\dfrac{n\pi}{l}(c-x_2)\right\}\exp\left(\dfrac{n\pi}{l}(c+x_2)\right)}{\exp\left(2\dfrac{n\pi}{l}c\right)+4\left(\dfrac{n\pi}{l}c\right)}\cos\left(\dfrac{n\pi}{l}x_1\right)$$

となる．さらに，$2pa = P$ とおくとともに，$\exp\left(2\frac{n\pi}{l}c\right) \gg 4\left(\frac{n\pi}{l}c\right)$ より，

$$\exp\left(2\frac{n\pi}{l}c\right) + 4\left(\frac{n\pi}{l}c\right) \cong \exp\left(2\frac{n\pi}{l}c\right) \text{ および } \sin\left(\frac{n\pi a}{l}\right) \cong \frac{n\pi a}{l}$$

であることを用いると，垂直応力はつぎのようになる．

$$\sigma_{22} = -\frac{P}{2l} - \frac{P}{l}\sum_{n=1}^{\infty}\left\{1 + \frac{n\pi}{l}(c - x_2)\right\}\exp\left(\frac{n\pi}{l}(x_2 - c)\right) \cdot \cos\left(\frac{n\pi}{l}x_1\right)$$

x_2 軸に垂直な仮想切断面上での垂直応力分布 σ_{22} に関するグラフを描き，集中荷重が作用している近傍から離れるにつれて応力分布が滑らかになっていく様子を確認してほしい．

8-3 証明省略．

8-4 $\sigma_{11} = \frac{p}{\pi}\left[\tan^{-1}\left(\frac{c+x_1}{x_2}\right) + \tan^{-1}\left(\frac{c-x_1}{x_2}\right) - x_2\left\{\frac{c+x_1}{x_2^2+(c+x_1)^2} + \frac{c-x_1}{x_2^2+(c-x_1)^2}\right\}\right],$

$\sigma_{22} = \frac{p}{\pi}\left[\tan^{-1}\left(\frac{c+x_1}{x_2}\right) + \tan^{-1}\left(\frac{c-x_1}{x_2}\right) + x_2\left\{\frac{c+x_1}{x_2^2+(c+x_1)^2} + \frac{c-x_1}{x_2^2+(c-x_1)^2}\right\}\right],$

$\sigma_{12} = -\frac{p}{\pi}x_2^2\left\{\frac{1}{x_2^2+(c+x_1)^2} - \frac{1}{x_2^2+(c-x_1)^2}\right\}$

8-5 式 (8.33) に境界条件を代入すると，つぎの連立方程式を得る．

$$\begin{cases}-P\delta(x_1) = -\int_0^\infty \lambda^2 C_1 \cos(\lambda x_1)\,d\lambda \\ C_1\lambda + C_3 = 0\end{cases}$$

連立方程式の第 1 式より，フーリエ逆変換を施して，

$$\lambda^2 C_1 = \frac{2}{\pi}\int_0^\infty P\delta(\xi)\cos(\lambda\xi)\,d\xi$$

となり，よって，

$$C_1 = \frac{P}{\pi\lambda^2}, \quad C_3 = -\frac{P}{\pi\lambda}$$

を得る．式 (8.36) に代入して，たとえば応力成分 σ_{22} は

$$\sigma_{22} = -\frac{P}{\pi}\int_0^\infty (1 - \lambda x_2)\exp(\lambda x_2)\cos(\lambda x_1)\,d\lambda$$

であり，この積分を計算すると，

$$\sigma_{22} = \frac{2P}{\pi}\frac{x_2^3}{(x_1^2 + x_2^2)^2}$$

となる．これは式 (8.43) と一致する．ほかの応力成分も同様にして求められる．

●9 章●

9–1　証明省略．

9–2　軸対称問題における体積ひずみは $e = 2A$ となり，微分方程式より得られたひずみ成分の定数は，体積ひずみの大きさを特徴付けていることがわかる．

9–3　最も重要な体積力は遠心力である．このとき，体積力は $F = \rho r \omega^2$ で与えられる．ここで，ρ は物体の密度である．

●10 章●

10–1　$\sigma_{rr} = -\dfrac{b^2}{b^2 - a^2}\left\{1 - \left(\dfrac{a}{r}\right)^2\right\}p, \quad \sigma_{\theta\theta} = -\dfrac{b^2}{b^2 - a^2}\left\{1 + \left(\dfrac{a}{r}\right)^2\right\}p$

10–2　$\sigma_{rr} = \dfrac{b^2 p_b - a^2 p_a}{a^2 - b^2} - \dfrac{a^2 b^2}{a^2 - b^2}\dfrac{p_b - p_a}{r^2}, \quad \sigma_{\theta\theta} = \dfrac{b^2 p_b - a^2 p_a}{a^2 - b^2} + \dfrac{a^2 b^2}{a^2 - b^2}\dfrac{p_b - p_a}{r^2}$

10–3　焼きばめ問題において $\varepsilon = (\alpha_1 - \alpha_2)(T - T_0)a$ とおけばよく，圧力は

$$p = \dfrac{(\alpha_1 - \alpha_2)(T - T_0)}{\dfrac{1 - \nu_1}{E_1} + \dfrac{(1 - \nu_2)a^2 + (1 + \nu_2)b^2}{E_2(b^2 - a^2)}}$$

となる．よって，応力はつぎのようになる．

$$\sigma_{rr}^{(1)}(r) = -\dfrac{(\alpha_1 - \alpha_2)(T - T_0)}{\dfrac{1 - \nu_1}{E_1} + \dfrac{(1 - \nu_2)a^2 + (1 + \nu_2)b^2}{E_2(b^2 - a^2)}} \quad (0 \leq r \leq a)$$

$$\sigma_{rr}^{(2)}(r) = \dfrac{a^2}{b^2 - a^2}\left\{1 - \left(\dfrac{b}{r}\right)^2\right\}\dfrac{(\alpha_1 - \alpha_2)(T - T_0)}{\dfrac{1 - \nu_1}{E_1} + \dfrac{(1 - \nu_2)a^2 + (1 + \nu_2)b^2}{E_2(b^2 - a^2)}} \quad (a \leq r \leq b)$$

●11 章●

11–1　証明省略．

11–2　証明省略．

11–3　ひずみの適合条件 (11.6) に一般化されたフックの法則を代入し，その後，応力成分 (11.17) を代入して整理すると得られる．

●12 章●

12–1　式 (12.7) の変位解と図 12.1 の曲がりはりの問題の解を利用すればよい．曲がりはりの切断面上端部は，αr だけ鉛直上向きにある．一方，曲がりはりの鉛直方向変位 v の解に $\theta = 2\pi$ を代入すると，

$$v = \dfrac{8\pi B r}{E}$$

となる．よって，切断面どうしを接合するためには，

$$\alpha r = \frac{8\pi B r}{E}$$

でなければならない．よって，

$$B = \frac{\alpha E}{8\pi}$$

である．これを曲がりはりの応力成分の解のうち B の式に代入して，曲げモーメント M_0 がつぎのように得られる．

$$M_0 = -\frac{\alpha E}{16\pi} \frac{N}{b^2 - a^2}$$

これを応力成分の解 (12.10) に代入すれば，応力成分が以下のように求められる．

$$\sigma_{rr} = \frac{\alpha E}{4\pi (b^2 - a^2)} \left\{ \frac{a^2 b^2}{r^2} \ln\left(\frac{b}{a}\right) + b^2 \ln\left(\frac{r}{b}\right) + a^2 \ln\left(\frac{a}{r}\right) \right\},$$

$$\sigma_{\theta\theta} = \frac{\alpha E}{4\pi (b^2 - a^2)} \left\{ -\frac{a^2 b^2}{r^2} \ln\left(\frac{b}{a}\right) + b^2 \ln\left(\frac{r}{b}\right) + a^2 \ln\left(\frac{a}{r}\right) + (b^2 - a^2) \right\},$$

$$\sigma_{r\theta} = 0$$

12–2 応力成分は

$$\begin{cases} \sigma_{rr} = \left(\frac{1}{8}C_1 r + \frac{1}{2}C_2 \frac{1}{r} - 2C_4 \frac{1}{r^3}\right) \cos\theta \\ \sigma_{\theta\theta} = \left(\frac{3}{8}C_1 r + \frac{1}{2}C_2 \frac{1}{r} + 2C_4 \frac{1}{r^3}\right) \cos\theta \\ \sigma_{r\theta} = \left(\frac{1}{8}C_1 r + \frac{1}{2}C_2 \frac{1}{r} - 2C_4 \frac{1}{r^3}\right) \sin\theta \end{cases}$$

である．未定係数を求めるために必要な境界条件は

$$(\sigma_{rr})_{r=a} = 0, \quad (\sigma_{rr})_{r=b} = 0$$

$$(\sigma_{r\theta})_{r=a} = 0, \quad (\sigma_{r\theta})_{r=b} = 0$$

$$\int_a^b (\sigma_{\theta\theta})_{\theta=0} \, dr = Q$$

となる．応力成分をこれらの境界条件に代入して，つぎのような連立方程式を得る．

$$\begin{cases} \frac{1}{8}C_1 a + \frac{1}{2}C_2 \frac{1}{a} - 2C_4 \frac{1}{a^3} = 0 \\ \frac{1}{8}C_1 b + \frac{1}{2}C_2 \frac{1}{b} - 2C_4 \frac{1}{b^3} = 0 \\ \frac{3}{16}C_1 (b^2 - a^2) + \frac{1}{2}C_2 \ln\left(\frac{b}{a}\right) - C_4 \frac{a^2 - b^2}{a^2 b^2} = Q \end{cases}$$

この連立方程式を解くと，

が得られる．ここで，

$$C_1 = -\frac{8}{N}Q, \quad C_2 = \frac{2(a^2+b^2)}{N}Q, \quad C_4 = \frac{a^2 b^2}{2N}Q$$

$$N = (a^2 - b^2) + (a^2 + b^2)\ln\left(\frac{b}{a}\right)$$

である．よって，応力成分はつぎのようになる．

$$\sigma_{rr} = -\left(r - \frac{a^2+b^2}{r} + \frac{a^2 b^2}{r^3}\right)\left(\frac{Q}{N}\right)\cos\theta,$$

$$\sigma_{\theta\theta} = -\left(3r - \frac{a^2+b^2}{r} - \frac{a^2 b^2}{r^3}\right)\left(\frac{Q}{N}\right)\cos\theta,$$

$$\sigma_{r\theta} = -\left(r - \frac{a^2+b^2}{r} + \frac{a^2 b^2}{r^3}\right)\left(\frac{Q}{N}\right)\sin\theta$$

12–3 式 (11.17) に応力関数を代入して，

$$\sigma_{rr} = 2\frac{P}{\pi}\frac{\sin\theta}{r}, \quad \sigma_{\theta\theta} = 0, \quad \sigma_{r\theta} = 0$$

を得る．これを応力成分の座標変換式

$$\begin{cases} \sigma_{11} = \sigma_{rr}\cos^2\theta + \sigma_{\theta\theta}\sin^2\theta - \sigma_{r\theta}\sin 2\theta \\ \sigma_{22} = \sigma_{rr}\sin^2\theta + \sigma_{\theta\theta}\cos^2\theta + \sigma_{r\theta}\sin 2\theta \\ \sigma_{12} = \frac{1}{2}(\sigma_{rr} - \sigma_{\theta\theta})\sin 2\theta + \sigma_{r\theta}\cos 2\theta \end{cases}$$

に代入すると，

$$\sigma_{11} = 2\frac{P}{\pi}\frac{\sin\theta\cos^2\theta}{r}, \quad \sigma_{22} = 2\frac{P}{\pi}\frac{\sin^3\theta}{r}, \quad \sigma_{12} = 2\frac{P}{\pi}\frac{\sin^2\theta\cos\theta}{r}$$

を得る．これに $\sin\theta = x_2/r$, $\cos\theta = x_1/r$ を代入すると，

$$\sigma_{11} = \frac{2P}{\pi}\frac{x_1^2 x_2}{(x_1^2+x_2^2)^2}, \quad \sigma_{22} = \frac{2P}{\pi}\frac{x_2^3}{(x_1^2+x_2^2)^2}, \quad \sigma_{12} = \frac{2P}{\pi}\frac{x_1 x_2^2}{(x_1^2+x_2^2)^2}$$

となる．これは式 (8.43) に一致している．

● **13 章** ●

13–1 $r = 0$ において w が有限値となるためには，$C_1 = C_3 = 0$ でなければならない．すると，式 (13.27) と式 (13.28) はつぎのようになる．

$$w = \frac{pr^4}{64D} + \frac{1}{4}C_2 r^2 + C_4$$

$$M_r = -D\left(\frac{3+\nu}{16}\frac{pr^2}{D} + \frac{1+\nu}{2}C_2\right), \quad M_\theta = -D\left(\frac{1+3\nu}{16}\frac{pr^2}{D} + \frac{1+\nu}{2}C_2\right)$$

(1) 境界条件を代入すると，つぎの連立方程式が得られる．

$$\begin{cases} \dfrac{pa^4}{64D} + \dfrac{1}{4}C_2 a^2 + C_4 = 0 \\ \dfrac{3+\nu}{16}\dfrac{pa^2}{D} + \dfrac{1+\nu}{2}C_2 = 0 \end{cases}$$

これを解くと，

$$C_2 = -\frac{pa^2}{8D}\left(\frac{3+\nu}{1+\nu}\right), \quad C_4 = \frac{pa^4}{64D}\left(\frac{5+\nu}{1+\nu}\right)$$

となる．これにより，たわみと曲げモーメントはつぎのようになる．

$$w = \frac{p}{64D}\left(r^2 - a^2\right)\left\{r^2 - \left(\frac{5+\nu}{1+\nu}\right)a^2\right\}$$

$$M_r = -(3+\nu)\frac{p}{16}\left(r^2 - a^2\right), \quad M_\theta = -\frac{p}{16}\left\{(1+3\nu)r^2 - (3+\nu)a^2\right\}$$

(2) 境界条件を代入すると，つぎの連立方程式が得られる．

$$\begin{cases} \dfrac{pa^4}{64D} + \dfrac{1}{4}C_2 a^2 + C_4 = 0 \\ \dfrac{pa^3}{16D} + \dfrac{1}{2}C_2 a = 0 \end{cases}$$

これを解くと，

$$C_2 = -\frac{pa^2}{8D}, \quad C_4 = \frac{pa^4}{64D}$$

となる．これにより，たわみと曲げモーメントはつぎのようになる．

$$w = \frac{p}{64D}\left(r^2 - a^2\right)^2$$

$$M_r = -\frac{p}{16}\left\{(3+\nu)r^2 - (1+\nu)a^2\right\}, \quad M_\theta = -\frac{p}{16}\left\{(1+3\nu)r^2 - (1+\nu)a^2\right\}$$

13–2 $r = 0$ において w が有限値となるためには，$C_1 = C_3 = 0$ でなければならない．また，$p = 0$ より，式 (13.27) と式 (13.28) は

$$w = \frac{1}{4}C_2 r^2 + C_4$$

$$M_r = -D\left(\frac{1+\nu}{2}C_2\right), \quad M_\theta = -D\left(\frac{1+\nu}{2}C_2\right)$$

となる．境界条件

$$w\big|_{r=a} = 0 \quad \text{および} \quad M_r\big|_{r=a} = M_0$$

より，

$$\begin{cases} \dfrac{1}{4}C_2 a^2 + C_4 = 0 \\ -D\left(\dfrac{1+\nu}{2}C_2\right) = M_0 \end{cases}$$

が得られ，これを解くと，

$$C_2 = -\frac{2M_0}{(1+\nu)D}, \quad C_4 = \frac{M_0 a^2}{2(1+\nu)D}$$

となる．これにより，たわみはつぎのようになる．

$$w = \frac{M_0}{2(1+\nu)D}\left(a^2 - r^2\right)$$

● 14 章 ●

14-1 たわみの微分方程式に

$$w = \sum_{m=1}^{\infty} f(x_2)\sin\left(\frac{m\pi x_1}{a}\right)$$

を代入すると，つぎの微分方程式を得る．

$$\frac{d^4 f}{dx_2^4} - 2\left(\frac{m\pi}{a}\right)^2 \frac{d^2 f}{dx_2^2} + \left(\frac{m\pi}{a}\right)^4 f = 0$$

この解は

$$\begin{aligned} f(x_2) = & A_m \sinh\left(\frac{m\pi x_2}{a}\right) + B_m \cosh\left(\frac{m\pi x_2}{a}\right) \\ & + C_m \left(\frac{m\pi x_2}{a}\right)\sinh\left(\frac{m\pi x_2}{a}\right) + D_m \left(\frac{m\pi x_2}{a}\right)\cosh\left(\frac{m\pi x_2}{a}\right) \end{aligned}$$

となる．本問題の対称性により $w(x_1, x_2) = w(x_1, -x_2)$ であるから，

$$A_m = D_m = 0$$

がわかる．よって，

$$w = \sum_{m=1}^{\infty}\left\{B_m \cosh\left(\frac{m\pi x_2}{a}\right) + C_m\left(\frac{m\pi x_2}{a}\right)\sinh\left(\frac{m\pi x_2}{a}\right)\right\}\sin\left(\frac{m\pi x_1}{a}\right)$$

となる．この解がすでに境界条件「$x_1 = 0, a$ にて，$w = 0$（たわみがゼロ）および $\dfrac{\partial^2 w}{\partial x_1^2} = 0$（曲げモーメントがゼロ）」を満足していることは容易に確認できる．

つぎに，境界条件「$x_2 = \pm b/2$ にて $w = 0$（たわみがゼロ）」を満足するためには，

$$B_m = -C_m\left(\frac{m\pi b}{2a}\right)\tanh\left(\frac{m\pi b}{2a}\right)$$

でなければならない．よって，

$$w = \sum_{m=1}^{\infty} C_m \left\{ \left(\frac{m\pi x_2}{a}\right) \sinh\left(\frac{m\pi x_2}{a}\right) \right.$$
$$\left. - \left(\frac{m\pi b}{2a}\right) \tanh\left(\frac{m\pi b}{2a}\right) \cosh\left(\frac{m\pi x_2}{a}\right) \right\} \sin\left(\frac{m\pi x_1}{a}\right)$$

となる．さらに，境界条件「$x_2 = \pm\frac{b}{2}$ にて，$M_0 = -D\dfrac{\partial^2 w}{\partial x_2^2}$」を満足しなければならない．よって，

$$-\left(\frac{M_0}{D}\right) = \sum_{m=1}^{\infty} 2C_m \left(\frac{m\pi}{a}\right)^2 \cosh\left(\frac{m\pi b}{2a}\right) \sin\left(\frac{m\pi x_1}{a}\right)$$

を得る．これを解くと，

$$C_m = \left(\frac{M_0}{D}\right) \left(\frac{a}{m\pi}\right)^3 \frac{1}{a} \frac{\cos(m\pi) - 1}{\cosh\left(\frac{m\pi b}{2a}\right)}$$

となり，結局，長方形板に生じるたわみは，つぎのようになる．

$$w = \frac{M_0 a^2}{D\pi^3} \sum_{m=1}^{\infty} \frac{\cos(m\pi) - 1}{m^3 \cosh\left(\frac{m\pi b}{2a}\right)} \left\{ \left(\frac{m\pi x_2}{a}\right) \sinh\left(\frac{m\pi x_2}{a}\right) \right.$$
$$\left. - \left(\frac{m\pi b}{2a}\right) \tanh\left(\frac{m\pi b}{2a}\right) \cosh\left(\frac{m\pi x_2}{a}\right) \right\} \sin\left(\frac{m\pi x_1}{a}\right)$$

14–2 たわみの式を式 (13.16) に代入して，

$$C = \frac{p}{\left(\dfrac{24}{a^4} + \dfrac{24}{b^4} + \dfrac{16}{a^2 b^2}\right) D}$$

となる．よって，たわみは

$$w = \frac{p}{\left(\dfrac{24}{a^4} + \dfrac{24}{b^4} + \dfrac{16}{a^2 b^2}\right) D} \left\{1 - \left(\frac{x_1}{a}\right)^2 - \left(\frac{x_2}{b}\right)^2\right\}^2$$

である．また，中心部での曲げモーメントは，式 (13.15) において $x_1 = x_2 = 0$ として，つぎのようになる．

$$M_1 = \left(\frac{1}{a^2} + \nu \frac{1}{b^2}\right) \frac{p}{\left(\dfrac{6}{a^4} + \dfrac{6}{b^4} + \dfrac{4}{a^2 b^2}\right)},$$

$$M_2 = \left(\frac{1}{b^2} + \nu \frac{1}{a^2}\right) \frac{p}{\left(\dfrac{6}{a^4} + \dfrac{6}{b^4} + \dfrac{4}{a^2 b^2}\right)}$$

●15章●

15–1
$$\Pi(w+\delta w) = \int_0^l \left\{ \frac{EI}{2}\left(\frac{d^2w}{dx^2}+\frac{d^2(\delta w)}{dx^2}\right)^2 - p(w+\delta w) \right\} dx$$

$$\sim \int_0^l \left\{ \frac{EI}{2}\left(\frac{d^2w}{dx^2}\right)^2 + EI\frac{d^2w}{dx^2}\frac{d^2(\delta w)}{dx^2} - p(w+\delta w) \right\} dx$$

$$\delta\Pi = \Pi(w+\delta w) - \Pi(w) = \int_0^l \left\{ EI\frac{d^2w}{dx^2}\frac{d^2(\delta w)}{dx^2} - p\,\delta w \right\} dx$$

$$= \left[EI\frac{d^2w}{dx^2}\frac{d(\delta w)}{dx} \right]_0^l - \int_0^l EI\frac{d^3w}{dx^3}\frac{d(\delta w)}{dx}dx - \int_0^l p\,\delta w\,dx$$

$$= 0 - \left[EI\frac{d^3w}{dx^3}\delta w \right]_0^l + \int_0^l EI\frac{d^4w}{dx^4}\delta w\,dx - \int_0^l p\,\delta w\,dx$$

$$= \int_0^l \left(EI\frac{d^4w}{dx^4} - p \right)\delta w\,dx = 0$$

よって，はりのたわみの微分方程式として次式を得る．

$$EI\frac{d^4w}{dx^4} - p = 0$$

近似解があらかじめ境界条件を満足するためには，つぎのように定数をおけばよい．

$$a_0 = 0,\quad a_1 = 0,\quad a_2 = l^2 a_4,\quad a_3 = -2l a_4$$

すなわち，

$$w = a_4\left(l^2 x^2 - 2lx^3 + x^4\right)$$

としておく．これを全ポテンシャルエネルギの式に代入すると，

$$\Pi = \frac{2}{5}EIl^5 a_4^2 - \frac{1}{30}pl^5 a_4$$

となり，よって，$d\Pi/da_4 = 0$ から，

$$a_4 = \frac{p}{24EI}$$

を得る．これを近似式に代入すると，

$$w = \frac{p}{24EI}\left(l^2 x^2 - 2lx^3 + x^4\right)$$

となる．この近似解は，材料力学により得られるたわみ解と完全に一致する．

15–2 (1) 問題の汎関数から $\Delta\psi = -2$ が導かれることを確かめればよい．

$$\Pi(\psi+\delta\psi) = \int_{-a}^{a}\int_{-b}^{b}\left\{\left(\frac{\partial\psi}{\partial x}+\frac{\partial(\delta\psi)}{\partial x}\right)^2 + \left(\frac{\partial\psi}{\partial y}+\frac{\partial(\delta\psi)}{\partial y}\right)^2 - 4(\psi+\delta\psi)\right\}dxdy$$

$$\sim \int_{-a}^{a}\int_{-b}^{b}\left\{\left(\frac{\partial\psi}{\partial x}\right)^2 + 2\frac{\partial\psi}{\partial x}\frac{\partial(\delta\psi)}{\partial x} + \left(\frac{\partial\psi}{\partial y}\right)^2 + 2\frac{\partial\psi}{\partial y}\frac{\partial(\delta\psi)}{\partial y} + -4(\psi+\delta\psi)\right\}dxdy$$

より，

$$\delta\Pi = \Pi(\psi+\delta\psi) - \Pi(\psi) = \int_{-a}^{a}\int_{-b}^{b} 2\left\{\frac{\partial\psi}{\partial x}\frac{\partial(\delta\psi)}{\partial x} + \frac{\partial\psi}{\partial y}\frac{\partial(\delta\psi)}{\partial y} - 2\delta\psi\right\}dxdy$$

である．これは，部分積分し，境界条件を代入して，

$$\delta\Pi = -2\int_{-a}^{a}\int_{-b}^{b}\left(\frac{\partial^2\psi}{\partial x^2} + \frac{\partial^2\psi}{\partial y^2} + 2\right)\delta\psi\, dxdy = 0$$

となる．$\delta\psi$ は任意の微小量より，

$$\frac{\partial^2\psi}{\partial x^2} + \frac{\partial^2\psi}{\partial y^2} + 2 = 0$$

が得られる．

(2)
$$\Pi(A_1) = 4\left\{\left(\frac{2}{3}a^3 \cdot \frac{16}{15}a^5 + \frac{16}{15}a^5 \cdot \frac{2}{3}a^3\right)A_1^2 - \frac{4}{3}a^3 \cdot \frac{4}{3}a^3 \cdot A_1\right\}$$

$$= \frac{64}{9}\left(\frac{4}{5}a^8 A_1^2 - a^6 A_1\right)$$

$$\Rightarrow \frac{\partial\Pi}{\partial A_1} = \frac{64}{9}\left(\frac{4}{5}a^8 \cdot 2A_1 - a^6\right) = 0$$

よって，$A_1 = \dfrac{5}{8a^2}$ と求められる．

(3) $A_1 = \dfrac{5}{8} \cdot \dfrac{259}{277} \cdot \dfrac{1}{a^2}$, $A_2 = \dfrac{5}{8} \cdot \dfrac{3}{2} \cdot \dfrac{35}{277} \cdot \dfrac{1}{a^4}$

(4) (2) の場合： $\psi = \dfrac{5}{8a^2}\left(a^2 - x^2\right)\left(a^2 - y^2\right)$

(3) の場合： $\psi = \dfrac{35}{16 \cdot 277} \cdot \dfrac{1}{a^2} \cdot \left(a^2 - x^2\right)\left(a^2 - y^2\right)\left(74 + 15\dfrac{x^2 + y^2}{a^2}\right)$

15–3 (1) $u = \left(\dfrac{e^{-1}-1}{e-e^{-1}}\right)e^x + \left(\dfrac{1-e}{e-e^{-1}}\right)e^{-x} + 1$

(2) 境界条件から近似解は $\tilde{u} = -(a_2+a_3)x + a_2 x^2 + a_3 x^3$ と書け，残差は

$$R = \left(2+x-x^2\right)a_2 + \left(7x-x^3\right)a_3 + 1$$

となる．この残差を選点法とガラーキン法により，以下で求める．

[解法1：選点法] $x_1 = 1/3$ と $x_2 = 2/3$ を選択する．この2点で残差がゼロとなるようにすると，連立方程式

$$\begin{cases} \dfrac{20}{9}a_2 + \dfrac{62}{27}a_3 + 1 = 0 \\ \dfrac{20}{9}a_2 + \dfrac{118}{27}a_3 + 1 = 0 \end{cases}$$

を得る．これを解くと，

$$a_2 = -\frac{9}{20}, \quad a_3 = 0$$

となり，よって，近似解はつぎのようになる．

$$\tilde{u} = -\frac{9}{20}x(x-1) = -0.45x(x-1)$$

[解法2：ガラーキン法] 重み関数として，$W_1 = x$ と $W_2 = x^2$ を選択する．すると，

$$\int_0^1 Rx\,dx = 0 \text{ および } \int_0^1 Rx^2\,dx = 0$$

でなければならない．残差を代入して積分すると，つぎの連立方程式を得る．

$$\begin{cases} \dfrac{13}{12}a_2 + \dfrac{32}{15}a_3 + \dfrac{1}{2} = 0 \\ \dfrac{43}{60}a_2 + \dfrac{19}{12}a_3 + \dfrac{1}{3} = 0 \end{cases}$$

これを解くと，

$$a_2 = -0.4321, \quad a_3 = -0.0149$$

となり，近似解はつぎのようになる．

$$\tilde{u} = -0.4321x(x-1) - 0.0149x(x^2-1)$$

(3) 誤差評価の結果を解図 15.1 に示す．解図 15.1 より，選点点に比べて，ガラーキン法による結果において，誤差が少ないことがわかる．

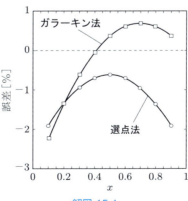

解図 15.1

15–4　$y = z + x$ と変数変換すると，ベッセルの微分方程式は $z(x)$ に関する微分方程式

$$x^2 \frac{d^2 z}{dx^2} + x \frac{dz}{dx} + (x^2 - 1)z + x^3 = 0$$

となり，境界条件は「$x = 1$ にて，$z = 0$」と「$x = 2$ にて，$z = 0$」に変換される．さらに，方程式をつぎのように変形しておく．

$$\frac{d}{dx}\left(x \frac{dz}{dx}\right) + \frac{x^2 - 1}{x} z + x^2 = 0$$

近似解法としてガラーキン法を採用し，近似解をつぎのように境界条件を満足するようにおく．

$$z = (x - 1)(2 - x)a_0$$

さらに，重み関数として，$W = (x - 1)(2 - x)$ を選択すると，

$$\int_1^2 \left[-2x a_0 + (3 - 2x)a_0 + \frac{x^2 - 1}{x}(x - 1)(2 - x)a_0 + x^2 \right](x - 1)(2 - x)\, dx = 0$$

であり，これにより，

$$a_0 = 0.8110$$

を得る．よって，

$$y = 0.8110(x - 1)(2 - x) + x$$

となる．なお，同微分方程式の厳密解は，つぎのようになることが知られている．

$$y = 3.6072 J_1(x) + 0.75195 Y_1(x)$$

ここで，$J_1(x)$ と $Y_1(x)$ は第 1 種，第 2 種の 1 次のベッセル関数である．
　いくつかの x の値に対して，近似解と厳密解での y の値を以下の表で比較してみると，区間 $[1, 2]$ では誤差が少ないことがわかる．

x	y の近似解	y の厳密解
1.3	1.4703	1.4706
1.5	1.7027	1.7026
1.8	1.9297	1.9294

●16 章●

16–1　$\sigma_{31} = \dfrac{5}{2} \dfrac{G\theta}{a^2 + b^2} \left(x_1^2 - a^2\right) x_2, \quad \sigma_{32} = -\dfrac{5}{2} \dfrac{G\theta}{a^2 + b^2} \left(x_2^2 - b^2\right) x_1$

16–2　$\sigma_{31} = -\dfrac{2a^2 x_2}{a^2 + b^2} G\theta, \quad \sigma_{32} = \dfrac{2b^2 x_1}{a^2 + b^2} G\theta$

16–3　境界面に沿ってポテンシャル関数 ϕ がゼロとなるようにおけばよく，

$$\phi = a_0 \left(x_1 - \sqrt{3}x_2 - \frac{2}{3}a\right)\left(x_1 + \sqrt{3}x_2 - \frac{2}{3}a\right)\left(x_1 + \frac{1}{3}a\right)$$

とおく．これを全ポテンシャルエネルギの式に代入し，a_0 に関する極値を計算すればよい．しかし，未定係数が一つであることから，ポテンシャル関数を式 (16.11) に直接代入してもよい．よって，

$$a_0 = \frac{G\theta}{2a}$$

であり，

$$\phi = \frac{G\theta}{2a}\left(x_1 - \sqrt{3}x_2 - \frac{2}{3}a\right)\left(x_1 + \sqrt{3}x_2 - \frac{2}{3}a\right)\left(x_1 + \frac{1}{3}a\right)$$

となる．これから，ねじりモーメントは

$$M = \frac{G\theta a^4}{15\sqrt{3}}$$

となり，また，せん断応力は

$$\sigma_{31} = -G\theta\left(1 + \frac{3x_1}{a}\right)x_2, \quad \sigma_{32} = G\theta\left(x_1 - \frac{3x_1^2}{2a} + \frac{3x_2^2}{2a}\right)$$

となることがわかる．

参考文献

[1] S.P. Timoshenko, J.N. Goodier, "Theory of Elasticity (Third Edition)", 1970, McGraw-Hill
[2] S.P. Timoshenko, S. Woinowsky-krieger, "Theory of Plates and Shells (Second Edition)", 1959, McGraw-Hill
[3] I.N. Sneddon, "Fourier Transforms", 1995, Dover Publications
[4] I.S. Sokolnikoff, "Mathematical Theory of Elasticity", 1956, McGraw-Hill
[5] Y.C. ファン[著]，大橋義夫，村上澄男，神谷紀生[訳]，「固体の力学/理論」，1970, 培風館
[6] 渋谷寿一，本間寛臣，斎藤憲司，「現代材料力学」，1986, 朝倉書店
[7] 大久保肇，「応用弾性学」，1969, 朝倉書店
[8] 中原一郎，「応用弾性学」，1977, 実教出版
[9] 竹園茂男，垰克己，感本広文，稲村栄次郎，「弾性力学入門 基礎理論から数値解析まで」，2007, 森北出版
[10] 伊藤勝悦，「弾性力学入門 ていねいな数式展開で基礎をしっかり理解する」，2006, 森北出版
[11] 中原一郎，渋谷寿一，土田栄一郎，笠野英秋，辻知章，井上裕嗣，「弾性学ハンドブック（普及版）」，2012, 朝倉書店
[12] 進藤裕英，「線形弾性論の基礎」，2002, コロナ社
[13] 日本機械学会編，「固体力学 ―基礎と応用―」，1987, オーム社
[14] 松田弘，「入門 数値解法〈工学問題における微分方程式の解法〉」，1990, 日本理工出版会
[15] J.S. Przemieniecki, "Theory of Matrix Structural Analysis", 2012, Dover Publications
[16] 林毅，村外志夫，「変分法」，1958, コロナ社
[17] 森口繁一，一松信，宇田川銈久，「岩波 数学公式 I，II，III」，1987, 岩波書店

索 引

●あ 行●
一般化されたフックの法則　30
エアリーの応力関数　53
影響関数　138
応　力　2
応力関数　53
応力関数に関する微分方程式　54
応力集中　109
応力成分　2
応力成分の対称性　19
応力特異性　50, 117
応力の平衡方程式　4, 43
重み付き残差法　147

●か 行●
介在物　90
重ね合せの原理　28
荷　重　1
仮想切断面　1
ガラーキン法　149
観察点　138
境界条件　4, 46
境界要素法　46, 140
極限操作　4
グリーン関数　138
ゲージ率　39
工学的せん断ひずみ　22
固有解　114

●さ 行●
最小ポテンシャルエネルギの原理　140
材料力学　1
差分法　46
残　差　146
サンブナンの原理　49
残留応力　87
軸対称問題　79
指　標　10
重調和関数　16
重調和方程式　16, 54
主応力　38
主ひずみ　38

主方向　38
純せん断の解　55
純引張の解　55
純曲げの解　55
垂直応力　2
垂直ひずみ　2
スカラー　14
積分変換法　46
せん断応力　2
せん断ひずみ　2
せん断力　7
選点法　148
全ポテンシャルエネルギ　140
総和規約　11
ソース点　138

●た 行●
体積ひずみ　31
体積力　42
多価関数　105
縦弾性係数　2
弾　性　28
弾性力学　2
調和関数　16
調和方程式　16
抵抗力　1
ディラックのデルタ関数　78
テンソル　13
等2軸応力状態　87

●な 行●
内部エネルギ　140
内　力　1
ナブラ　15
ねじり　152
ねじりモーメント　156
伸　び　2

●は 行●
は　り　1
はりの曲げ剛性　121
汎関数　142
半無限体　50

微小要素　3
ひずみ　2
ひずみゲージ法　39
ひずみ成分　2
ひずみの適合条件　44
微分演算子　15
表面力　47
フックの法則　2
フープ応力　79
フーリエ級数　63
フーリエ正弦級数　64
フーリエ正弦積分　70
フーリエ積分　69, 70
フーリエ余弦級数　63
フーリエ余弦積分　70
平　板　121
平板の曲げ剛性　124
平面応力問題　32
平面ひずみ問題　34
ベクトル　12
ヘビサイドのステップ関数　137
ヘルツの接触応力　50
変　位　2
変位の多価性　105
変位の微分方程式　5, 45
変数分離法　46
変　分　142
変分法　142
ポアソン比　2
棒　1

●ま 行●
曲げモーメント　7

●や 行●
ヤング率　2
有限要素法　144
ゆがみ関数　154
横弾性係数　2

●ら 行●
ラプラシアン　16
リッツの近似解法　144

著者略歴

荒井　正行（あらい・まさゆき）
 1967 年　東京に生まれる
 1992 年　東京工業大学大学院 理工学研究科生産機械工学専攻 修士課程 修了
 1992 年　財団法人 電力中央研究所 入所
 1998 年　博士（工学）東京工業大学より授与
 1998 年〜1999 年　米国 Southwest Research Institute, Dept. of Applied
        Physics，客員研究員
 2010 年　一般財団法人 電力中央研究所 材料科学研究所 上席研究員
 2013 年　東京理科大学 工学部 第一部機械工学科 教授
 2016 年　東京理科大学 工学部 機械工学科 教授
    現在に至る

専門分野：材料力学，弾性力学，塑性力学，破壊力学，損傷力学，界面力学，
    損傷評価，表面工学など

編集担当　村瀬健太（森北出版）
編集責任　富井　晃（森北出版）
組　　版　ウルス
印　　刷　丸井工文社
製　　本　同

基礎から学ぶ弾性力学　　　　　　　　　　　　　　　　© 荒井正行　2019

2019 年 5 月 30 日　第 1 版第 1 刷発行　　【本書の無断転載を禁ず】

著　者　荒井正行
発行者　森北博巳
発行所　森北出版株式会社

  東京都千代田区富士見 1-4-11（〒102-0071）
  電話 03-3265-8341／FAX 03-3264-8709
  https://www.morikita.co.jp/
  日本書籍出版協会・自然科学書協会　会員
  JCOPY ＜(一社)出版者著作権管理機構　委託出版物＞

落丁・乱丁本はお取替えいたします．

Printed in Japan／ISBN978-4-627-65051-0